HET GESCHENK
VAN DE WILDERNIS

Van dezelfde auteur
De wijsheid van wolven
Oude wijze honden

ELLI H. RADINGER

HET GESCHENK VAN DE WILDERNIS

Vrijheid, stilte, moed, dankbaarheid –
zo geeft de natuur ons wat we nodig hebben

Lev.

Oorspronkelijke titel
Das Geschenk der Wildnis, door Elli H. Radinger

Vertaling
Michel Bolwerk
Omslagontwerp
Pinta Grafische Producties, naar een ontwerp van Eisele Grafik Design, München
Omslagbeeld
Voorkant: © Mauritius Images/Bernd Römmelt
Achterkant: © Mauritius Images/Westend61/Fotofeeling
Foto auteur
© Sabrina Schäfer@eye-lens.de

ISBN 978 94 005 1385 3
NUR 410

Kijk heel diep in de natuur,
dan begrijp je alles beter.

Albert Einstein

INHOUD

HET GROTE VERLANGEN

Plotseling is het er weer. Het overvalt me midden op een alledaagse dag en zet mijn vanzelfsprekende, perfecte leventje op zijn kop. Het laat me de tranen in de ogen springen en mijn hart hevig branden. Ik wil het niet, niet nu, maar het laat zich niet verdrijven: het verlangen. Vooral vandaag, als de eerste sneeuw valt, beginnen mijn gedachten af te dwalen. Naar een blokhut in Montana, een kristalheldere ochtend en die allesomvattende stilte. Naar mijn leven in de wildernis.

Ik lijd aan een virus, het wildernisvirus. Als je eenmaal aangestoken bent, kom je er je hele leven niet meer van af. Het slaat op de meest ongelegen momenten toe. Als ik bijvoorbeeld een deadline voor het inleveren van een manuscript heb, of een voorleestournee moet voorbereiden. Laat me met rust, schreeuw ik tegen het virus. Ik heb geen tijd voor je. Later!

Maar het verlangen laat zich niet wegsturen. Het meldt zich wanneer het hem uitkomt. Kwam het door het gekraak van het ijs op de bevroren plassen toen ik vanmorgen de hond uitliet? Of waren het de sneeuwvlokken die op de neus van mijn hond bleven liggen? Misschien was het wel het hese 'kra' van de raaf die in de boom naast me ging zitten. Ik deed even mijn ogen dicht. Herinneringen.

Ik schud mijn hoofd, alsof ik een nachtmerrie wil verdrijven. Maar het is geen nachtmerrie. Het is een droom die ik geleefd heb. Vele malen. Het zijn de terugblikken op mijn leven in de bossen van Minnesota, in de bush van Alaska of in de leegte van de woestijn in Arizona. Het verlangen daarnaar laat me niet meer los. Op zulke momenten wil ik graag alles uit handen laten vallen en weer vertrekken, de lokroep van de wildernis achterna. Weg uit mijn behaaglijke leventje, terug naar de eenzaamheid en kou, de stilte.

De magie van de wildernis heeft me jaren geleden te pakken gekregen en me verslaafd gemaakt. Nu ben ik verdrietig, omdat ik het leven daar moest loslaten en het mis. Tegelijkertijd ervaar ik een diep geluksgevoel en grote dankbaarheid voor de tijd die ik er heb doorgebracht. Mijn leven in de ongerepte natuur was – en is – een geschenk.

Er zijn geschenken die je zo graag wilt hebben dat je ze helemaal bovenaan je wenslijstje zet. Andere geschenken zijn als oma's gebreide sokken: je wilt ze niet echt hebben omdat ze altijd een beetje kriebelen, maar in koude tijden ben je er toch heel blij mee omdat ze zo lekker warm zijn. Soms bekruipt je een angst bij het uitpakken van een geschenk, omdat je een voorgevoel hebt van de pijn die ermee gepaard gaat. Die twee, geluk en warmte aan de ene kant en angst aan de andere, bepalen mijn verhouding met de wildernis. Dit alles ís mijn wildernis.

Zoals bij alles wat we proberen te verdringen, kunnen we niet op tegen onze diepste verlangens. Het heeft geen zin ze aan de kant te schuiven. Ik weet het. Met de eerste sneeuw van het jaar begint hun eerste aanval. Ik weet dat vandaag het verlangen mijn hart weer in bezit gaat nemen.

Ik geef het op. Ik ga lekker met een kop thee in de stoel bij het raam zitten. Ik kijk naar de vallende sneeuw, die steeds dichter wordt, en begin te dromen.

Van de weidse hemel in Montana droom ik, van de diepe kloven van de Grand Canyon, van de onvoorstelbare sterrenhemel op een heldere, koude woestijnnacht en van de magische dans van het noorderlicht. Maar ook van mijn talrijke ontmoetingen met wilde dieren. Met op de eerste plaats de intelligente, geraffineerde coyote, die me telkens weer aan het lachen maakte. De zachtmoedige bizons, die me kalmte hebben bijgebracht. De machtige, angst inboezemende grizzly's, waarbij ik me zo levend voelde als nooit tevoren. De walvissen, die me door hun onvoorstelbaar grootte zo nietig lieten voelen. En natuurlijk de wolven, die ik mocht begeleiden op hun levenspad en die mijn leermeesters werden.

Ik heb een groot deel van mijn leven in de natuur doorgebracht. Het was vooral de wildernis die me uitdaagde meer te leren over mezelf, over anderen en over deze fantastische, maar tegelijkertijd zo krankzinnige wereld waarin we leven. Hier heb ik ware schoonheid en wonderen gezien. En ik heb ontmoetingen beleefd die me de adem benamen. De wildernis heeft mijn leven en denken veranderd. Daar vind ik telkens weer mijn rust terug.

Verliefd worden op de aarde en haar schepsels is een van de grote avonturen in ons leven. Niets raakt je meer in je hart; een betoverende ervaring, die zich een leven lang eindeloos herhaalt.

Ik wil je graag meenemen naar míjn wildernis, naar ongerepte plaatsen en naar wilde dieren zoals ik ze heb leren kennen.

De wildernis is niet altijd wat we ons erbij voorstellen. Het is niet de pure natuur zonder mensen of gebouwen. De wildernis is overal. In het bos, aan zee, op het gras voor ons huis – en soms ook heel dichtbij, in onszelf. Wat ons daar roept, is onze eigen wildernis, het verlangen naar onze eigen natuur terug te gaan. Onze persoonlijke grenzen te ervaren en te verleggen, onszelf te overwinnen. Onszelf met nieuwe situaties te confronteren en ons vrij te voelen van onze dagelijkse rollen en van de verplichtingen waaraan we moeten voldoen. Dat kan iedereen overal.

Er bestaat geen vast vijfstappenplan om het geschenk van de wildernis te ervaren. Ga de natuur in, wees nieuwsgierig en sta open voor de giften die je daar worden aangeboden. En aanvaard dankbaar wat je voor jezelf kunt gebruiken.

De wildernis verandert ons leven en denken. Ze heeft ons elke dag nieuwe geschenken te bieden en geeft iedereen wat hij nodig heeft.

NAAR DE WILDERNIS

Zion National Park, Utah, VS

Het gehuil van een coyote wekte me. Het klonk alsof hij zijn jubelende groet aan de opgaande zon vlak naast mijn oor stond te zingen. Voorzichtig pelde ik me uit mijn slaapzak. Met de mouw van mijn fleecejack maakte ik het beslagen raam vrij. Ik was 's nachts aangekomen op Lava Point Campground en had in de auto geslapen. Ik wilde 's ochtends vroeg – nog voor de vloedgolf van toeristen – door de Narrows lopen, een beroemd wandelpad te midden van metershoge zandsteenrotsen.

Van mijn zingende wekker zag ik helaas alleen nog maar een staart en wat beweging in de bosjes. Ik trok een warme trui aan en maakte met het gasbrandertje een kop oploskoffie.

Toen de zon boven de klippen uit kwam en de rotsen verwarmde, merkte ik dat mijn humeur verbeterde. Met een tweede kop koffie in mijn hand liep ik een stuk langs de Virgin River, waar ik op een steen aan de oever ging zitten. Aan de overkant keek een ree in mijn richting; ik had het dier gestoord bij het grazen. Het verstijfde even en ging er toen vandoor. Een halfuurtje later keek ik toe hoe een stekelvarken languit op een tak liggend op een blaadje zat te kauwen. Dit solitair levende, doorgaans 's nachts actieve dier leek mijn aanwezigheid net zomin op te merken als de opkomende zon.

Ik wist zeker dat het een dag vol wonderen ging worden.

Op veilige afstand van het stekelvarken, dat nog steeds zat te eten, liet ik me op het gras zakken. Ik keek omhoog naar de canyonwanden, die op sommige plekken met een dun laagje sneeuw bepoederd waren. Het onschuldige wit verkleurde in het licht van de langzaam hoger klimmende zon steeds verder van rood naar oranje en goud. Binnen een paar minuten kwam er een vurige schijn over de rotsen te liggen. Ik zal er nooit genoeg van krijgen om toe te kijken hoe in de South-West de donkere zandsteenrotsen beginnen te gloeien en in het daglicht steeds lichter worden.

Het zijn deze stille, eenzame momenten in de natuur die me het gelukkigst maken en waarvoor ik een hele tijd geleden mijn carrière als advocaat heb opgegeven.

'Waarom? Waarom de wildernis?' wordt vaak aan me gevraagd.

Sir Edmund Hillary beklom in 1953 als eerste mens de Mount Everest. Toen hem na zijn terugkeer werd gevraagd waarom hij eigenlijk hoge bergen beklom, antwoordde hij heel laconiek: 'Omdat ze bestaan.'

Zo ongeveer klinkt ook mijn antwoord: ik ga naar de wildernis omdat die bestaat. Omdat die mij de adem beneemt door al haar pracht – en door het gevaar. Omdat die me dagelijks uitdaagt. Omdat die me zó vreemd is dat ik haar nergens anders mee kan vergelijken en ik mezelf er toch in herken. De wildernis geeft me inspiratie, prikkels en een diepe rust. Zoals op die ochtend in het Zion National Park.

'Ik wil net zo leven als jij, vrij en in de natuur,' schrijven lezers me; meestal zijn het vrouwen. Ze stellen zich voor dat ze op een bankje voor hun blokhut zitten en naar de ondergaande zon kijken terwijl ze een wolf horen huilen.

Ik stel dan een vraag als antwoord: 'Ben je bereid de prijs voor deze vrijheid te betalen? Wil je zonder vast inkomen en gezin leven? Afzien van zekerheid en je pensioen?' Dát willen er maar heel weinig.

De wildernis is geen brochure op hoogglanspapier. Ze is hard, vies, nat en koud. Ze is gevaarlijk en maakt je eenzaam. Dat is de realiteit achter de romantische beelden. De voorstellingen die veel mensen zich erbij maken zijn bedrieglijk.

De wildernis als paradox: een plek van verschrikking en van verlangen, bron van het leven en verpakking voor dromen. We lijken er een soort haat-liefdeverhouding mee te hebben. Hoe meer ze verdwijnt, hoe groter ons verlangen naar haar. We lezen er boeken over, dragen kleding met het logo in de vorm van een wolfspoot en kopen in een outdoorwinkel de modernste multifunctionele kleding voor een trektocht. In onze SUV rijden we naar ons resorthotel of naar de glamping[1] en we gunnen onszelf 's avonds bij het kampvuur een glas rode wijn. Wildernis light!

Tegelijkertijd wordt terugkerende wolven en rondzwervende beren het leven onmogelijk gemaakt, worden de laatste groene vlakten afgegrendeld en de omheinde tuinen omgetoverd tot grindwoestijnen.

In ons hoofd leggen we een verband tussen wildernis en ongerepte natuur, jungle, afgelegen plekken en de ideale wereld. In de wildernis zijn we thuis. Ons verstand begon zich miljoenen jaren geleden te ontwikkelen, een tijd waarin we nog jagers en verzamelaars onder wildernisomstandigheden waren. Pas in de afgelopen twee eeuwen werden we het industriële tijdperk in gekatapulteerd: een wereld van complexiteit.

Vandaag de dag zijn we ervan overtuigd de natuur te kunnen beheersen, maar die dwarsboomt ons. Dat is goed te zien als we de natuur haar gang laten gaan. Kijk maar eens hoe snel planten door het asfalt van een verlaten weg weten te breken. Of hoe wilde dieren weer terugkeerden in de steden tijdens het strenge uitgangsverbod vanwege de coronapandemie.[2]

We kunnen de natuur niet beheersen, en ze herinnert ons eraan hoe ver we van haar af zijn komen te staan. Ze redt zich prima zonder ons. Wij kunnen daarentegen niet zonder haar, ook al maken we dat onszelf graag wijs. Het lijkt geruststellender om een keuze te hebben: een tijdelijke wildernis met de mogelijkheid die de rug te kunnen toekeren op het moment dat we die te oncomfortabel, lastig of vermoeiend vinden worden – of die gewoon niet is wat we ervan hadden verwacht.

De waarheid is echter dat zij ons in de hand heeft, of we dat nu willen of niet, omdat onze wortels daar liggen. Ons hartstochtelijke dromen over de wildernis is niets anders dan het verlangen terug te keren naar de eigen natuur. Wat ons daar roept is onze eigen wildernis.

Ik heb deze roep gevolgd en heb mijn droom van een leven in de wildernis verwezenlijkt. We hebben allemaal het recht te leven naar onze eigen ideeën en te volgen wat de stem van ons hart ons ingeeft. Heb je een visioen dat steeds terugkomt, je uit je slaap houdt en vanbinnen pijnlijk brandt? Ben je bereid alles ondergeschikt te maken aan deze droom? Volg hem dan. Probeer het uit. Wat kan er nou gebeuren? Misschien gaat het fout en struikel je. Sta op, klop het vuil van je kleren, schud je lichaam een keer helemaal los en begin weer van voren af aan. Geef niet op. Je kunt trots zijn op jezelf, want in tegenstelling tot al je mededromers heb jij het wel aangedurfd en alleen daardoor heb je al gewonnen.

Misschien gaat je droom ook in vervulling. Maar dat weet je pas als je het hebt geprobeerd. Het is nooit te laat. Als je bereid bent risico's te nemen en vertrouwen te hebben, kun je worden waartoe je bestemd bent.

Om mijn eigen dromen van vrijheid en wildernis te leven, ben ik steeds opnieuw begonnen, heb ik het ene leven opgegeven en een ander leven uitgeprobeerd. Meestal volgde ik dan alleen maar mijn intuïtie. Soms ben ik gevallen – en weer opgestaan, in het vertrouwen dat alles weer goed zou komen. *Andrà tutto bene* noemden de Italianen dat tijdens de coronacrisis.

Ik heb geleerd te vertrouwen op de natuur, op het ontwikkelingsproces van het leven, en op de wetenschap dat ik beslissingen neem die goed voor me zijn en waarmee ik kan leven.

Ons leven wordt bepaald door en hangt aan elkaar van beslissingen. De ene na de andere, grote en kleine, goede of slechte. Dat doet er niet toe. Want het leven ontwikkelt zich verder. Het wacht niet op mij. In de natuur word ik er voortdurend toe gedwongen beslissingen te nemen. Welke kant ga ik op? Zoek ik beschutting tegen een naderende onweersbui of loop ik verder? Wat doe ik als er een beer op me af komt rennen? Elk pad dat ik insla stelt me voor een nieuwe keuze. En sommige beslissingen veranderen alles.

Bij de echt grote veranderingen in mijn leven volgde ik mijn onderbuikgevoel: omdat ik met mijn beroep als advocaat ongelukkig was, ben ik ermee gestopt en ben ik gaan reizen. Toen ik in Minnesota verliefd werd op een kanobouwer, besloot ik spontaan naar hem toe te vliegen om met hem in zijn blokhut te gaan leven. Om meer over wolven te leren, deed ik een stage gedragsonderzoek in een afgesloten wolventerrein in Amerika en werkte vervolgens als vrijwilliger in Yellowstone National Park om daar het gedrag van wolven in het wild te onderzoeken.

Gepassioneerd en dapper heb ik me met heel mijn hart in elk avontuur gestort. Niet alle beslissingen waren juist. Maar elke beslissing heeft me iets geleerd, me gevormd, een stempel op me gedrukt. En vooral: ik heb in elk geval een beslissing genomen. Daardoor heb ik mijn lot telkens in eigen hand genomen. Elke keer wanneer ik in een situatie ongelukkig was en het gevoel kreeg geen controle meer over mijn leven te hebben, heb ik het gewaagd opnieuw te beginnen.

Tijdens mijn werkzaamheden als advocaat vertegenwoordigde ik in een scheidingszaak de echtgenote. Het paar verkeerde in staat van oorlog en vocht al wekenlang verbitterd om elke kleinigheid van hun bezit. Toen de beslissende rechtszaak op het punt stond te beginnen, was ik misselijk van de zenuwen omdat ik de agressie en vijandigheden van beide kanten vreesde. Ik kan me nog precies het moment herinneren dat ik in de toiletruimte van het gerechtsgebouw in de spiegel keek en mijn lijkbleke gezicht zag, dat scherp afstak tegen de zwarte advocatentoga. Zo had ik me dat beroep niet voorgesteld toen ik rechten studeerde. Ik wilde de wereld veranderen en was er toen van overtuigd dat het goede wint. Maar de realiteit was heel anders dan mijn geïdealiseerde voorstellingen. Daarbuiten was het een jungle, en voor de zware overlevingsstrijd in het advocatenvak was ik niet geschikt. Ik wilde het leven leiden waartoe ik bestemd was en nam een beslissing. Korte tijd later liet ik mijn inschrijving als advocaat schrappen. Ik gaf mijn robe weg en zegde de huur van mijn kantoor op – tot groot onbegrip van mijn familie en vrienden.

'Wil je je carrière opgeven? Voor wat?'

Ja, voor wat? Dat wist ik zelf nog niet. Ik wilde gewoon weer gelukkig zijn, mijn hart volgen en voelen dat ik leefde. Ik had genoeg gespaard om eerst maar eens te gaan reizen en me open te stellen voor wat er voorbijkwam. En voor de rest zou ik wel zien hoe het liep. Ik was vrij.

Opnieuw beginnen heeft iets geweldigs. De natuur is een kampioen in opnieuw beginnen. Na de winter begint ze elke lente weer opnieuw. Elke keer dat ik een nieuw avontuur aanga, heb ik de indruk dat de hele grote wereld leeg voor me ligt en op mij wacht. Een onbeschreven wit vel papier. Ik heb alle mogelijkheden om er iets fantastisch van te maken – of het grondig te verpesten. Dat is beangstigend, maar in mijn euforie zie ik niet dat er een kans bestaat dat het mislukt. En dat is ook maar goed zo, want anders was ik waarschijnlijk zo verlamd dat ik nooit meer iets zou durven. Ik mag fouten maken, ik moet alleen wel proberen niet steeds dezelfde fouten te maken. De natuur heeft me geleerd vertrouwen te hebben. Soms gaan dingen fout. Niets blijft zoals het was. Ons hele leven kan van de ene op de andere dag helemaal op zijn kop worden gezet. 'Leven is wat er zich afspeelt terwijl jij druk bezig bent met plannen maken,' zei John Lennon ooit al eens. Ik zeg domweg: shit happens. Je knippert een keer met je ogen en onze wereld is compleet veranderd. Terwijl ik dit zit te schrijven, wordt dat weer eens duidelijk door de coronacrisis, waarin een minuscuul virusdeeltje in de schattige vorm van een opgerold egeltje de wereld lamlegt.

In tegenstelling tot ons mensen laat het de natuur onverschillig met welke problemen wij te worstelen hebben en hoezeer we ons best doen. Ze houdt daar geen rekening mee. Ze volgt haar eigen plan en wij moeten daar maar mee zien te leven. Of we het nou leuk vinden of niet, zij is machtiger dan wij. Zij is alles. Wij zijn maar een heel klein stukje van haar, waar ze misschien – waarschijnlijk – zelfs wel zonder kan zodra het niet meer in haar complete plaatje past. Dat is een fantastische les, die ons leert onszelf niet te serieus te nemen.

Terug naar mijn nieuwe start. Ik had de advocatuur opgegeven, mijn huurwoning opgezegd en was klaar voor het volgende avontuur in mijn leven. Met een plunjezak en mijn hond Klops vloog ik in oktober 1986 naar Canada. Ik had me ingeschreven voor een semester Business English aan de University of British Columbia in Vancouver.

Daar aangekomen zocht ik vergeefs naar onderdak. Het was de tijd van de wereldtentoonstelling Expo '86, er was geen enkele woonruimte meer vrij. Bovendien waren bij de meeste verhuurders geen honden toegestaan. Toen huurde ik eenvoudigweg een camper, die in de daaropvolgende maanden ons thuis zou worden. Doordeweeks parkeerde ik op het universiteitsterrein, in het weekend reden we de bergen in of naar de kust. We overnachtten op afgelegen plekken en maakten veel trektochten. Dit vrije leven beviel me zo goed dat ik na afloop van die studie nog een halfjaar dwars door de VS reisde om het land beter te leren kennen.

Reizen is een passie van me. Ik heb dan ook vóór mijn rechtenstudie vijf jaar als stewardess bij Lufthansa gewerkt om al die fantastische plaatsen te ontdekken die onze wereld rijk is. Als ik op pad ben, gaat de automatische piloot die mijn dagelijkse leven stuurt uit en voel ik een sterkere verbinding met mezelf. Het reizen leert me deemoedig te zijn. Het geeft me respect voor het leven van anderen en maakt me ervan bewust dat ik slechts één mensje onder velen ben, dat al snel weer van de aarde verdwenen zal zijn. Met een open hart op pad zijn beschermt ons tegen zelfoverschatting en maakt ons dankbaar.

Weer terug in Duitsland begon ik heen en weer te pendelen tussen baantjes en continenten. Ik verdiende mijn geld in de zomer als reisjournaliste om gedurende de winter in de vs te kunnen wonen. Vooral het zuidwesten vond ik geweldig. In Santa Fe, in de staat New Mexico, huurde ik drie winters lang een klein huisje. Die stad ligt op tweeduizend meter hoogte en was in de jaren tachtig het spirituele centrum van Amerika. Hier woonden veel kunstenaars en healers, en ik bracht veel tijd door in musea en galeries en bij de talrijke plechtige festiviteiten van de oerbewoners, de Navajo en Hopi.

Drie zomers lang werkte ik als reisleider voor een Duitse studiereisorganisator en liet de – doorgaans iets oudere – gasten de nationale parken in de vs en Canada zien. Ik reed mensen rond in busjes, sleepte met koffers en prees de schoonheden van het land aan. Daarbij viel me op hoe verschillend mensen hun ontmoeting met de natuur en de wildernis opnemen en begrijpen. Soms was mijn werk echt een uitdaging, bijvoorbeeld wanneer gasten klaagden over de natuur, die volgens hen niet zo 'werkte' als ze zich hadden voorgesteld. De Grand Canyon in de mist? Dat kan toch niet. Een zonsopkomst aan de verkeerde kant, zodat het niet mooi uitkomt op de foto? Doe er iets aan!

Helaas bestaan er ook mensen die zelfs niet meer enthousiast kunnen worden als er een grizzlymoeder met haar tweeling opduikt. De reactie van een van mijn gasten op zo'n ontmoeting vond ik wel heel erg sneu: 'Dat kan ik in de dierentuin ook wel zien.'

Terwijl hij vlak bij onze auto kon genieten van de pracht van die dieren, klaagde hij alleen maar dat het ergens anders minder moeite kostte om ze te zien. Op het moment dat hij op de drempel stond van misschien wel de duurzaamste liefdesrelatie van zijn leven – de liefde voor de natuur – nam hij de aantrekkingskracht van zijn geliefde niet waar.

We hebben ons leven zo volgepropt met kunstmatige onzin en amusement, dat veel mensen de stem van de aarde niet meer kunnen horen. We hebben nieuwe leermeesters nodig die ons helpen het contact te herstellen. Onze relatie met de aarde te vernieuwen. Weer naar onze instincten en gevoelens te luisteren, ze te begrijpen en ernaar te handelen. Die ons bijbrengen het oeroude vertrouwen in onszelf en in de natuur weer op te bouwen, zodat we een leven kunnen leiden dat daarmee in balans is en waarvan we kunnen genieten.

Soms kan een foto zo'n leermeester zijn. In december 1968 verlieten drie NASA-astronauten als eerste mensen de baan om de aarde, om naar de maan te reizen. Frank Borman, James Lovell en William Anders moesten een vlucht rond dat hemellichaam maken om de mogelijkheden van een toekomstige maanlanding te onderzoeken. Deze missie werd bekend onder de naam Apollo 8. De foto die William Anders maakte toen de aarde boven het grauwe stenen maanlandschap opkwam uit het zwarte heelal veranderde voor altijd onze kijk op die wereld. *Earthrise* laat de opkomende aarde zien op een afstand van vierendertigduizend mijl. Hij is in het NASA-archief gepubliceerd onder het zakelijk aandoende nummer AS8-14-2383[3] en behoort volgens *Time Magazine* tot de 'honderd invloedrijkste foto's aller tijden'[4]. Zeven maanden later zette Neil Armstrong als eerste mens een voet op de maan.

Naast de Earthrise-foto is er nog een andere beroemde afbeelding van de aarde, die als de meest gepubliceerde foto in de mediageschiedenis geldt. Op de foto van Apollo 17[5] zagen de mensen voor het eerst de complete wereldbol helemaal van buitenaf. Hierop is het gedeelte te zien van de Middellandse Zee tot aan de zuidelijke poolkap van Antarctica. Boven het zuidelijk halfrond hangt sterke bewolking. Bijna de hele kustlijn van Afrika is goed te zien. Naast de wolkenvelden rond de evenaar is het groen van het tropische regenwoud te onderscheiden. De wolkeloze woestijngebieden in het noorden van Afrika zijn duidelijk te herkennen aan de aardkleurig bruine kleur. Het Arabische schiereiland is aan de noordoostelijke rand van Afrika te zien. Het grote eiland voor de kust van Afrika is Madagaskar. Het Aziatische vasteland ligt aan de horizon in noordoostelijke richting.

Alle astronauten die de aarde van buitenaf hebben gezien, waren overweldigd door haar breekbaarheid en schoonheid. De commandant van Apollo 17, Eugene Cernan, zei: 'We gingen op weg om de maan te verkennen, maar we ontdekten de aarde.'

Wanneer ik naar die opname van de aarde uit 1972 kijk, ervaar ik een diepe eerbied en nederigheid. Ik vind het moeilijk voor te stellen dat op die wondermooie blauwe knikker zo'n chaos heerst en wij mensen degenen zijn die haar verwoesten. Het maakt me treurig dat de aanblik van de aarde nu (2020) al drastisch is veranderd. Het grote witte vlak van Antarctica smelt en zal over een paar decennia niet meer te zien zijn. En het krimpende groene oerwoudoppervlak maken we ook kapot, terwijl dat als 'groene long van de planeet' wel steeds belangrijker wordt. We zoeken naar bescherming tegen corona, het virus dat onze longen bedreigt, maar we gaan zonder nadenken verder met het verwoesten van de long van de planeet die ons zuurstof geeft.

Je kunt denken wat je wilt over de noodzaak van ruimtevaart, maar pas van bovenaf, vanuit het raam van een ruimtevaartuig, het ISS of vanaf de maan, hebben we zicht op onze planeet.

Wat leren we daarvan? Zijn we daardoor milieubewuster geworden? In elk geval wel degenen die dit met eigen ogen hebben gezien. Maar het schijnt zelfs vijftig jaar na de landing op de maan nog niet tot het bewustzijn van ons mensen te zijn doorgedrongen hoe kostbaar en uniek onze thuisplaneet is.

Door de Earthrise-foto's ontstond een collectief bewustzijn van de aarde als een geheel. Haar schoonheid en tegelijkertijd haar kwetsbaarheid leverden de inspiratie voor de oprichting van de milieubeweging en voor de eerste Earth Day op 22 april 1970. Tegelijkertijd ontstond het natuurwetenschappelijke denkmodel van de aarde 'Gaia', dat de aarde en haar biosfeer als één groot levend wezen beschouwt, een zichzelf regulerend superorganisme, waarbij alles op aarde zich heeft ontwikkeld met als doel de planeet stabiel en voor alle levensvormen optimaal in stand te houden. Alles is onafscheidelijk met elkaar verbonden – inclusief de mens. Door elke ademhaling, elke slok water staan we met al onze cellen in verbinding met de aarde en de kosmos. Het verlangen naar de thuisplaneet is deel van onze verbondenheid met haar. Helemaal los van de vraag waar we wonen – we zijn allemaal bewoners van de aarde. Wat er met haar gebeurt, gebeurt ook met ons. Als we de biodiversiteit vernietigen of ons klimaat veranderen, zal Gaia een manier vinden om zich aan te passen, desnoods zonder ons.

De aarde heeft ons niet nodig, maar wij haar wel. Daarom is het niet genoeg om vol verwondering en eerbied naar de foto van die blauwe planeet te zitten staren. We moeten actief deel van haar gaan uitmaken en ons voor haar bescherming inzetten. Door de aarde van buitenaf te zien, komt het belang van veel dingen in het juiste perspectief te staan. Om haar echt te begrijpen, moeten we haar verlaten. Het is de blik van bovenaf die ons het hele plaatje laat zien en ons eraan herinnert hoe waardevol de aarde is.

Voor veel mensen en vooral voor de oerbewoners is de wildernis een tempel. In de stille, heilige ruimten van deze tempel is de goddelijke boodschap het duidelijkst te horen. Ze vereren haar. Anderen hebben bewijzen voor God in de natuur gevonden, en weer anderen hebben in de woestenij een geschikte plaats gevonden om te bidden en na te denken. Jezus was niet de enige religieuze leider die in de wildernis met een godheid communiceerde. Henry David Thoreau en Ralph Waldo Emerson, de Amerikaanse transcendentalisten, geloofden dat de natuur het symbool van de geestelijke wereld was. John Denver zong over de bergkathedralen.

Nergens leer je op zo'n goedaardige manier iets over nederigheid als in de natuur. Mijn leven in wildernisgebieden heeft me geleerd de verbanden in het ecosysteem te zien en te begrijpen. Van de wolven heb ik geleerd te *zien* – niet alleen te *kijken*. Daarvoor moet je het alledaagse leven even vergeten en de voorstellingen die je van een diersoort hebt loslaten. We kunnen de wildernis niet 'managen'. Die is daar veel te complex voor. Het is voldoende als we er stil aan deelnemen en proberen het te begrijpen. Ik heb geleerd dat ik sommige verbanden in de natuur alleen begrijp omdat ik ze gedurende een heel lange periode heb geobserveerd.

Een heel goed voorbeeld hiervoor is de herintroductie van wolven in Yellowstone National Park, die ik van het begin af aan heb kunnen volgen. Vijfentwintig jaar lang kon ik observeren hoe het ecosysteem veranderde nadat de wolven terugkeerden na zeventig jaar afwezigheid. Ik mocht in een tijdsversnelling meemaken hoe in het web van de natuur alles met elkaar verbonden is. In de eerste twee jaar doodden de wolven de helft van de coyotepopulatie. Dat had weer stijgende aantallen kleine knaagdieren tot gevolg, de voornaamste prooi van de coyotes. Minder coyotes en meer knaagdieren betekende meer voedsel voor roofvogels, marters, dassen en vossen. Wolven doodden herten, waardoor hun lievelingsmaaltje, jonge wilgen langs de rivieroevers, nu ongestoord konden groeien. Meer bosjes langs de rivieroevers boden zangvogels bescherming en zorgden voor koeler water, waardoor de forellen terugkeerden. Uiteindelijk kwam de bever terug, die met zijn bouwwerken de loop van de rivieren en zo ook het landschap veranderde. Tot zover de korte versie.[6] Ons ecosysteem is een fijn, gevoelig vlechtwerk waarin alles, elke plant, elk levend wezen, zelfs elke steen en elke zandkorrel zijn plekje heeft – ook wij.

Het is dus niet genoeg om bepaalde dieren of planten los van elkaar te beschermen. Er moeten ook leefruimten van voldoende omvang en met onderlinge verbinding worden beschermd tegen vernietiging en in stand worden gehouden.

Van alle interessante, zeldzame en mooie dingen die ik in de wildernis heb gezien of gevoeld, heeft niets me meer aangegrepen en in verwarring gebracht dan mijn ontmoetingen met dieren. Ik zeg 'in verwarring gebracht' omdat me geen betere uitdrukking te binnen schiet. Ze hebben iets in me geraakt wat zo diep is als het leven zelf. Na zo'n ontmoeting had ik altijd een fractie van een seconde het gevoel een blik te hebben kunnen werpen op hoe de visie van een universele eenheid tot stand was gekomen.

Elk jaar zat ik in Yellowstone, alleen met een roedel wolven. De wolven wisten niets van mij. Ze hadden geen idee dat ik al hun bewegingen observeerde en registreerde. Het zou ze ook niet geïnteresseerd hebben. Ze gingen gewoon hun eigen gang.

Ik werd me ervan bewust dat ik hun leeftijd en familierelaties kende. Ik had ze geobserveerd bij het jagen, tijdens het paren en het grootbrengen van hun jongen. Maar hoe hun leven er echt uitzag wist ik niet. Hadden ze weleens pijn of liefdesverdriet? Maakten de ouders zich zorgen om hun kroost? Er was zoveel wat ik dacht te weten, maar eigenlijk alleen maar aannam. Ik kon niet bij de dieren naar binnen kijken. Kénde ik de wolven echt, alleen maar omdat ik ze zo lang had geobserveerd? Hoe lang ik ook met iemand samenleef, kan ik een ander mens echt kennen?

Ik hield van die momenten en dat doe ik nog steeds, omdat ze me veel hebben gegeven en voor altijd een deel van me zijn. De stille schoonheid die overal om me heen lag en de aanwezigheid van de wolven. Ze lieten me diep over het leven nadenken. Het onophoudelijke, alles overstemmende lawaai van de mensheid was uitgeschakeld. Op zulke ogenblikken zou ik het helemaal oké hebben gevonden om daar te blijven – voor altijd.

Voor mij was het een ongelooflijk voorrecht om bij de wolven te zitten – en bij de bizons, de grizzly's, de coyotes, de arenden en al die andere dieren die ik dagelijks in de wildernis van Yellowstone mocht meemaken. Tientallen jaren de dynamiek van de natuur uit eerste hand observeren heeft mijn kijk erop veranderd.

Wanneer ik nu over mijn onderzoek nadenk, word ik me bewust van de kloof die ons mensen scheidt van de dieren. Ik dring binnen in hun levensruimte, maar zíj riskeren hun leven als ze die van ons binnendringen. Ik ben gelukkig wanneer ik wilde dieren observeer. Maar ik ben nog nooit op het idee gekomen ze te vragen of ze het goedvinden dat ik ze bekijk bij hun dagelijkse bezigheden. Of mijn aanwezigheid eigenlijk wel gewenst is.

Ik voel me aangetrokken tot het idee met de natuur te communiceren, me voor te stellen dat ze op een of andere manier iets kan uitwisselen met mij. Maar dat is niet zo. Ik denk dat de meeste dieren er de voorkeur aan geven met rust te worden gelaten. De natuur heeft ons niet nodig, dat zei ik al eerder. De aarde werd in de geologische tijd gevormd door water, wind en ijs. Wij hadden geen invloed op dat proces. Maar de wilde dieren zijn wel direct de dupe van ons handelen, van alleen al onze aanwezigheid. Wij maken hun levensruimte kapot, vergiftigen hun water, bouwen straten door hun trekpaden en vervuilen de lucht die ze inademen. Hun leven wordt niet beter door ons. Integendeel, wij zijn gevaarlijk voor ze. Maar dat lijken ze al te weten.

Wilde dieren hebben geen echte band met de mens. Geen enkel wild dier zou ons uitzoeken om mee te communiceren. Wolven, beren, walvissen en dolfijnen zouden zonder de mens veel beter af zijn. Ook al zou ik het nog zo graag willen, ik denk niet dat dieren in staat zijn zich spiritueel met ons te verbinden. Iets, bijvoorbeeld de manier waarop de coyote die me 's morgens in het Zion National Park wekte en de bosjes in vluchtte, doet me vermoeden dat wilde dieren meer dan wat ook ter wereld met rust gelaten willen worden.

In de loop van de vele jaren die ik in de wildernis heb doorgebracht, is mijn houding tegenover de wildernis en de dieren daar sterk veranderd. Wilde ik er vroeger zo dicht mogelijk op zitten, tegenwoordig doe ik nederig een stapje terug en blijf ik een observant. Ik geniet en ben dankbaar voor het moment dat ze me schenken – onbevreesd, of nog beter: onwetend. Het moment waarop ze ondanks mijn aanwezigheid zichzelf zijn.

Inmiddels ben ik op leeftijd gekomen en kijk ik terug op een leven van tientallen jaren in de wildernis. Ik loop nu nog oplettender door de natuur. Mijn ogen zijn dan misschien wel slechter geworden en ik hoor niet meer elke ritseling van een muis, maar ik hoor nog wel de vogels fluiten en de wind fluisteren. Andere zintuigen vervangen wat verloren is gegaan: ik gebruik nu meer mijn intuïtie, mijn bewustzijn van het geheel, de herinnering aan ontmoetingen met wilde dieren, die ik nooit zal vergeten en die ik elk moment in mijn hoofd kan oproepen.

Terugkijkend zie ik dat mijn meanderende levensweg me naar en door de wildernis heeft geleid – precies naar het punt waar ik hoor te zijn – en dat het eind nog lang niet in zicht is. Daar vertrouw ik op.

IN HET WOLVENTERRITORIUM

Een wolvenroedel is een familie die uit ouders, kinderen, kleinkinderen, grootouders, ooms en tantes bestaat. Alles draait om één gemeenschappelijk doel: het welzijn van de familie. In de dertig jaar dat ik in het wild levende wolven observeer, heb ik veel geleerd, niet alleen over de wolven en hun sociale gedrag, maar ook over de mensen die dol zijn op deze dieren. Ze komen uit alle mogelijke landen, spreken verschillende talen, hebben uiteenlopende achtergronden en opleidingsniveaus, maar één ding verbindt hen met elkaar: de passie voor wolven.

Het Amerikaanse nationale park Yellowstone is de beste plek op de wereld om hun natuurlijke gedrag te observeren. En dus komen we allemaal daarnaartoe en worden we lid van de grote club *wolfwatchers*. De voormalige Amerikaanse president Barack Obama deed het, net als zijn voorganger Bill Clinton. Ik doe het eveneens, samen met tienduizenden bezoekers per jaar. We volgen allemaal de wolven zoals groupies popsterren volgen. Vrijwel iedereen die hier een keer is geweest, komt thuis met een verhaal. Voor sommigen betekent de ontmoeting met een wolf een ervaring die hun leven verandert.

Ik heb deze wolven geobserveerd sinds ze in 1995 weer geïntroduceerd werden en vijf jaar later begon ik geïnteresseerden mee te nemen op mijn wolfobservaties. Ik bood twee tot drie keer per jaar een wolvenreis aan voor een kleine groep. De negendaagse reizen waren duur en beperkt tot vier deelnemers. Die moesten een soort selectieprocedure doorlopen, de zogenaamde *wolfcasting*. Toch waren die reizen twee tot drie jaar van tevoren volgeboekt. Voor de meesten betekende hun deelname een vervulling van een levensdroom.

Wij, degenen die mochten meewerken aan het wolvenproject, waren een clubje gezworenen, vrijwilligers die hun vrije tijd opofferden en veel geld betaalden om heel dicht bij de wolven te kunnen zijn. De onderzoekers, met bioloog Rick McIntyre als leidinggevende, waren op onze hulp aangewezen, want ze konden niet overal tegelijk zijn. De territoria van de afzonderlijke wolfsroedels waren wijdverspreid over het park. We kregen een mobilofoon en een oproepnummer waarmee we ons konden identificeren. Vervolgens stonden we van zonsopkomst tot zonsondergang bij temperaturen van min dertig tot plus dertig graden wortel te schieten terwijl we de wolfsroedel observeerden en elke beweging van de hondachtigen doorgaven aan de biologen. Onze registraties waren van onschatbare waarde voor het wolvenproject, dat – net als elk ander staatsproject – te lijden had onder een chronisch geldgebrek.

Toen in januari 2004 in het kader van een nieuw onderzoek binnen het wolvenproject vrijwilligers werden gezocht voor een *summer predation study*, een onderzoek naar het gedrag van roofdieren tegenover prooidieren, meldde ik me direct aan. Normaal gesproken gaf ik de voorkeur aan de winter voor het observeren van wolven en meed ik de zomermaanden, omdat er dan te veel toeristen in het natuurpark zijn en de wolven zich nauwelijks laten zien. Maar dit was dé gelegenheid om eindelijk eens het eenzame en afgelegen achterland van Yellowstone te leren kennen, samen met andere wolvenliefhebbers en biologen. Het klonk als een perfecte time-out in de wildernis.

De vlucht van Frankfurt via Denver en Salt Lake City had inclusief overstaptijden achttien uur geduurd, maar hoewel ik doodop was en een jetlag had, was ik om acht uur 's morgens klaar om op pad te gaan. De wildernis riep.

De route van Salt Lake City naar het Yellowstone National Park loopt van Utah naar Wyoming door het Grand Teton National Park en is alleen in de zomer over de volle lengte begaanbaar. Met een huurauto reed ik op smalle landweggetjes langs de met sneeuw bedekte Teton-bergketen. Regelmatig dreven cowboys in alle rust een kudde runderen over de graslanden. Gaffelbokken en wapitiherten stonden vredig te grazen naast pinto's, paarden met bonte vlekken, en maakten het idyllische plaatje compleet. Ik haalde een kop koffie bij een tankstation en zette de plaatselijke countryzender op. Luidkeels meezingend reed ik door de prairie en stopte voor een fotopauze als er bijvoorbeeld een visarend op een boom zat te loeren naar iets eetbaars.

In het kleine westernstadje Jackson Hole maakte ik een korte tussenstop om levensmiddelen in te slaan. Mini-salamiworstjes, kaasstengels, knäckebröd en appels, daar moest ik het de komende dagen maar mee doen. Het plaatsje is een bonte verzameling van inheemsen, cowboys en kunstenaars, gekruid met een flinke snuf upper class. Talrijke winkels met westernkleding, elegante wildlife-galeries en gezellige cafés trekken hele scharen toeristen aan. Te veel, naar mijn smaak. Ik was innerlijk al helemaal ingesteld op de wildernis.

Om zo snel mogelijk naar de wolven te kunnen, verorberde ik mijn sandwich in de auto. De afstanden zijn in Amerika echter groter dan je denkt. De kortere weg door de Tetons leverde geen tijdwinst op, omdat ik bij een grote wegopbreking moest wachten. In de twee met elkaar verbonden nationale parken Teton en Yellowstone wordt in het korte zomerseizoen volop aan de weg gewerkt: gaten worden weer gevuld, smalle stukken worden verbreed. Vervolgens wordt in de winter de nieuwgewonnen glorie weer tenietgedaan door de vorst en door sneeuwschuivers.

Ik stond geduldig een halfuur te wachten in de file tot er een wegenbouwvoertuig voor ons uit ging rijden en ons op de stoffige eenbaansweg langs teermachines en walsen leidde. De laagstaande zon wierp een rode gloed op de zuidelijke toegang tot Yellowstone toen ik die passeerde.

Uit ervaring weet ik dat er zich juist 's nachts heel veel dieren op de wegen in Yellowstone begeven. Bizons, coyotes en ook wolven maken van de mogelijkheid gebruik om zich comfortabel te verplaatsen zonder door toeristen te worden gezien. Het werd me dus te riskant om in het donker verder te rijden en ik zette koers richting Madison Campground. Voor maar liefst achttien dollar kreeg ik een plekje voor mijn tent toegewezen. Het was flink koud geworden en het begon te stormen. Ik overwoog even of ik niet beter in de auto kon slapen, maar besloot toch mijn ultralight tentje op te zetten. Nog een laatste maaltijd in de auto en dan gauw mijn slaapzak in. Dennennaalden ritselden en met een doffe plof vielen er dennenappels op het tentdak. In de verte rommelde het, bliksem flitste aan de hemel. Zou mijn familie het ooit te weten komen als ik hier midden in de nacht onder een boom werd verpletterd? Ik zakte maar langzaam in slaap – tot mijn nieuwe buurman rond één uur 's nachts aankwam en in zijn Volkswagen-busje herrie zat te maken. Toen hij de radio aanzette en er door het dunne doek heavy metal mijn tent binnendrong, kroop ik uit mijn slaapzak. Ik klopte bij de rustverstoorder op de deur en droeg hem op de muziek zacht te zetten. Anders zou ik de parkopzichters informeren. Het antwoord was een woedend 'F... you!' waarna nog meer gevloek volgde. Even later hoorde ik de man uit zijn auto stappen en rond mijn tent lopen. Toen was het helemaal gedaan met mijn nachtrust. Afgeslacht worden door een drugsverslaafde – of wat hij dan ook maar was – zo had ik me mijn avontuur in de wildernis niet voorgesteld. Bij beren en wolven voelde ik me veilig. Nu raakte ik in paniek door een... mens. Ik bleef nog een tijdje muisstil liggen en luisterde met gespitste oren naar de nachtgeluiden. Op een gegeven moment verdwenen de stappen in de verte, en af en toe liet er een dier van zich horen. Maar ik was het zat, stond op, gooide mijn tent en slaapzak in de auto en vertrok.

De storm had de wolken verdreven toen ik in de ochtendschemering in Lamar Valley aankwam. Daar trof ik mijn clubje 'hardcore wolfwatchers'; we hadden al per e-mail daar afgesproken. Mark en Carol begroetten me met een omhelzing. Zij kwamen al bijna net zo lang in Yellowstone als ik. Mark was anesthesist en Carol ziekenverzorgende. Ze woonden in Boulder, Colorado, en hadden vlak daarvoor een huis aan de rand van Yellowstone gekocht. 'Voor de honden,' vertelde Carol me met een knipoog. Omdat ze hun twee honden niet mochten meenemen naar een hotel, kochten ze gewoon eventjes een blokhut.

Ook Brian Connolly kwam elke zomer om te helpen. Hij bleef meestal langer, de laatste keer drie maanden. Hij verhuisde ook om dichter bij de wolven te zijn – van New York naar Oregon.

We stonden met z'n allen op een heuvel in Lamar Valley en keken toe hoe twee wolvinnen met hun welpen speelden in de morgenzon. Mijn trans-Atlantische vlucht, de slapeloze nacht en de jetlag waren vergeten, alle vermoeidheid vervlogen.

Ik stelde al snel vast dat de wolfobservaties in de zomer duidelijk anders waren dan die in de winter. In het bruin en groen van het landschap waren de wolven maar moeilijk te vinden. Zonder hun dikke wintervacht zagen ze er smaller uit.

Mijn vrienden praatten me bij over alle wolfgebeurtenissen. Veel roedels hadden zich al teruggetrokken naar hoger gelegen gebieden; ze volgden de herten. In het dal waren alleen nog de families achtergebleven die bezig waren hun welpen groot te brengen. Later zouden de jongen samen met de volwassenen naar de *backcountry* trekken om in de herfst pas weer terug te keren naar het dal.

Het wolvenspeelkwartiertje was blijkbaar nu al voorbij, want de familie Wolf sjokte verder en verdween. Nu kon ik me op de andere jonge dieren concentreren. Oranjeachtige bizonkalfjes stonden om elkaar heen te springen, elandjongen stiefelden achter hun moeder aan en overal staken pasgeboren hertenkalfjes op wankele poten boven het gras uit. Een grizzlymoeder kuierde met twee jongen door het dal. De jonkies probeerden bij haar te drinken en dribbelden net zo lang tussen haar poten door tot ze zich op haar rug liet vallen om ze te zogen. Naar mijn favorieten, de coyotes, zocht ik echter tevergeefs.

's Middags reed ik naar Pebble Campground, de camping die in de verste noordelijke hoek van Lamar Valley ligt. Mijn vrienden Ray en Darlene runden het kampeerterrein en zorgden voor hun gasten daar. Ze hadden alvast een rustig plekje voor me gereserveerd in de buurt van een beek. Daar zou ik niet gestoord worden. Ik zette mijn tent weer op en maakte het een beetje gezellig – voor zover dat in een berengebied mogelijk is. Mijn plunjezak met kleren, de kleine campingbrander, bord, mok en bestek legde ik in de tent. De etenswaren, tandpasta, zeep en wat een beer ook maar voor 'eetbaar' kon aanzien, stopte ik in een 'beerveilige' stalen kist, die naast een houten picknicktafel met banken tot de basisuitrusting van elke staplek behoort. Ik legde mijn slaapmatje en slaapzak in de auto om daar een behaaglijk slaapplekje te maken. Daar voelde ik me 's nachts in het berengebied veiliger dan in de tent.

Na een lange, diepe slaap werd ik 's morgens weer monter wakker. De rode zon kwam achter de bergtoppen tevoorschijn en droogde de dauwdruppels op mijn tent. Met mijn campingbrander zette ik een eerste kop koffie. Ik genoot van de stilte terwijl ik naar twee raven zat te kijken, die zich met ingevouwen vleugels al pirouettes draaiend de diepte in lieten vallen, om zich meteen daarop met gespreide vleugels weer omhoog te laten tillen. Toen ontdekten ze mij en zetten ze een duikvlucht in. Waarschijnlijk omdat ze op iets te eten hoopten, kwamen ze dichterbij gehupt. Maar bij mij viel niets te halen, want ik voer wilde dieren principieel niet. Het maakt het moeilijker voor ze om te overleven als ze afhankelijk worden van menselijk voedsel, dat bovendien dodelijk voor ze kan zijn.

Vandaag moest mijn avontuur in de wildernis gaan beginnen. Ik legde mijn spullen in de auto en reed naar Gardiner, waar ik de overige deelnemers van het Hellroaring Wolf Base Camp zou ontmoeten. Eerst sterkte ik me in het Town Café met een ontbijt van eieren, spek en een grote pot koffie. Zoiets smakelijks zou er de komende dagen tijdens het kamp niet bij zijn. In de informatie die ik vooraf had gekregen, stond dat er buiten de officiële vuurplaatsen niet mocht worden gekookt vanwege de beren.

Het hoofdkwartier van het Yellowstone Institute bevindt zich vlak voor de Roosevelt Arch, de beroemde stenen boog die de ingang markeert. Daar ontmoette ik de mannen en vrouwen met wie ik de daaropvolgende dagen zou gaan doorbrengen.

Dan Stahler was de leidinggevende bioloog van het wolvenproject, die op deze expeditie verantwoordelijk was voor alles als het om de wolven ging. We kenden elkaar al sinds de herintroductie van de wolven.

Angela Patnode was lerares aan de Outdoor Leadership School en was onze backcountryspecialiste. Zij zou ons lichamelijk voorbereiden op de trektocht.

Alle anderen hadden zich net als ik vrijwillig aangemeld voor dit avontuur: Rick, informaticus, en zijn dochter Sarah, student politicologie, uit Californië; Don, boekhandelaar, en zijn zestienjarige zoon Eric uit Kansas City, alsmede de twee bevriende vliegtuigbouwkundigen Joe en Tim uit Seattle.

In dit bonte gezelschap was het duidelijk dat wat betreft ervaring in de wildernis de groentjes in de meerderheid waren.

Vandaag stond eerst theorie op het programma. We gingen intensief aan de slag met het bestuderen van topografische kaarten en oefenden hoe we ons in het vrije veld konden oriënteren met een kompas.

De pezige Angela leerde ons hoe we ons buiten de menselijke beschaving moesten gedragen.

'We leven hier naar het principe van *leave no trace*,' legde ze uit.

‘Dat betekent dat we geen sporen achterlaten. Zelfs het kleinste stukje afval moeten jullie weer mee terug nemen.’

‘Nu komt Angela’s favoriete onderwerp: *how to shit in the woods.*’ Dan grijnsde breeduit toen hij de ongelovige gezichten zag.

Angela knielde neer en liet zien hoe het moest: ‘Met een kleine schep steek je een stuk grond uit van ongeveer twintig centimeter groot. In het midden graaf je het iets uit. In dit gat deponeer je je “boodschap”. Die vermeng je met behulp van een stokje met wat aarde zodat het uit elkaar valt. Dan schep je het gat weer dicht en leg je het uitgestoken stuk grond er weer op... Voilà, alsof er nooit iets is gebeurd.’ Ze klopte de aarde van haar handen en keek tevreden naar haar werk.

O ja, en in plaats van wc-papier adviseerde onze deskundige ‘natuurlijke’ middelen te gebruiken, zoals gras of dennenappels. ‘Maar pas op! Altijd in de juiste richting gebruiken, anders heb je kans dat je jezelf verwondt,’ waarschuwde ze. Wie niet zonder wc-papier wilde, moest het gebruikte papier in een plastic zakje weer mee terug nemen naar de bewoonde wereld om het daar weg te gooien.

‘Nee!’ zei Eric, die de procedure met open mond had staan volgen, resoluut. ‘Dan ga ik liever helemaal niet naar de wc.’

Toen volgde het belangrijkste punt van de voorbereiding: de berentraining. Hoewel ik in de vele jaren die ik in Yellowstone had doorgebracht al vaak beren had gezien, was ik benieuwd naar deze les.

‘Vergeet wat je tot nu toe hebt gehoord, dat je bij een grizzly in een boom klimt en voor een zwarte beer wegrent of wat al niet meer van dat soort onzin,’ droeg Angela ons op. ‘Je kunt niet wegrennen voor een beer, en ook grizzly’s kunnen uitstekend klimmen.’ We moesten verplicht naar een video kijken van een berenbioloog die ons duidelijk moest maken dat beren uiteenlopend gedrag vertonen, hoe ze aanvallen en hoe we daarop moesten reageren.

‘De meeste aanvallen worden gedaan door berinnen met jongen die verrast worden,’ legde Angela uit. ‘Het enige wat ze wil is haar kroost beschermen. Het kan ook zijn dat een beer zijn prooi verdedigt. Probeer dus onder alle omstandigheden rustig te blijven en je langzaam terug te trekken. Als dat niet werkt en de beer op je afrent, moet je je op de grond laten vallen, je benen spreiden en je handen achter je hoofd vouwen. Zo!’

Bij Angela’s demonstatie zette Sarah, die tot dan toe terughoudend was geweest, grote ogen op, en ze werd bleek rond haar neus.

‘Je moet doen alsof je dood bent. Beweeg je niet! Misschien probeert de beer een beetje aan je rug of je hoofd te knabbelen of je om te draaien. Laat je in dat geval altijd weer terugrollen op je buik. Uiteindelijk zal de beer wel ophouden, omdat hij zijn jongen of zijn prooi niet hoeft te beschermen tegen een “dode” aanvaller. Blijf nog een tijdlang liggen, tot je zeker weet dat de beer verdwenen is, en maak je dan zo snel mogelijk uit de voeten.’

‘Negentig procent van alle aanvallen door beren zijn schijnaanvallen,’ probeerde Dan ons gerust te stellen. ‘Je moet je zenuwen in bedwang houden en blijven staan. Maar als de beer het echt meent, kunnen jullie je verdedigen met berenspray. Je moet een beetje naar beneden gericht tussen jezelf en de aanvaller sprayen. Het doet heel erg pijn, waardoor de beer voorlopig wel een tijdje uitgeschakeld zal zijn.’

De spray droeg je aan je riem, en het spul zou de dagen daarna onze vaste begeleider zijn. We mochten niets meer zonder de spray binnen handbereik. Eric ging het meteen uitproberen en liep wijdbeens voor ons langs te paraderen als een echte John Wayne. Toen de tiener zijn ‘pistool’ trok en klaarstond om te schieten, proestten we het uit.

Het lachen verging ons toen we nog een video moesten kijken. Daarin waren slachtoffers te zien die door een beer waren aangevallen. Sarah ademde hoorbaar in bij de bloedige beelden en kneep in de onderarm van haar vader.

'Nu weten jullie waarom het niet goed is om alleen op pad te gaan,' zei Angela. 'Als je bij de groep blijft, kan je niets gebeuren.'

Na de middagpauze gaf Dan ons een taakverdeling voor de komende dagen. We moesten wolf 392M volgen. Hij droeg een gps-halsband waarmee zijn zwerftochten konden worden geregistreerd – zelfs 's nachts en vanaf de computer.

392M was een tweejarige mannetjeswolf van de Geode-roedel, die zich voornamelijk ophield in het gebied van Hellroaring. We wilden uitzoeken waarmee deze wolf en zijn familie – elf volwassenen en veertien welpen – zich voedden.

Tot dan toe waren de onderzoeken altijd laat in de winter uitgevoerd. In de sneeuw was beter te zien waar de wolven een prooi hadden gegrepen. Na bestudering van de resten was bijvoorbeeld gebleken dat de wolven – in tegenstelling tot menselijke jagers – vooral oudere dieren doodden en zo de hertenpopulaties gezond hielden.

Het was tot dusverre niet mogelijk geweest om zulke onderzoeken in de zomer uit te voeren. De wolven volgden hun prooien naar hoger gelegen gebieden. Ze splitsten zich op in kleinere groepen en liepen grotere afstanden. Zelfs vanuit de lucht lukte het nauwelijks om ze met de gebruikelijke techniek te traceren. Met de invoering van de nieuwe satelliethalsbanden veranderde dat. Nu kon met één muisklik een wolf met een zender thuis op de computer worden gevolgd. De biologen hadden 392M in de winter gevangen en een zender omgedaan, die zo geprogrammeerd was dat die in mei automatisch werd geactiveerd.

Dan wilde zijn laptop meenemen naar het kamp en elke dag de gegevens van de wolf opvragen. 392M liet een spoor van rode punten – zogenaamde 'clusters' – achter op het beeldscherm. Overal waar hij zich lang of vaak had opgehouden, verschenen meer punten. Het zou onze taak zijn om naar de locaties te gaan waar de wolf ten minste twee uur was gebleven om te ontdekken waarom.

Om ervoor te zorgen dat we de trektocht naar de kloof ook fysiek 'overleefden', controleerde Angela aan het eind van de dag of we onze rugzak goed hadden ingepakt: onder en boven licht, in het midden zwaar. Het was verbazingwekkend hoeveel bagage sommigen wilden meeslepen voor drie dagen. Don had twee handboeken ingepakt, een over vogelsoorten en een over de geologie van Yellowstone. Rick leek bang te zijn dat hij zou verhongeren: flink wat porties gedroogd voedsel en een voorraad muesli-repen moesten hem en zijn dochter een tijdje in leven houden. Joe en Tim wilden met vier blikken bier de avonden gezelliger maken. Joe, een gepassioneerde hobbyfotograaf, stond er bovendien op dat hij zijn camera meenam. Alleen de zware telelens liet hij in de auto liggen.

Bij de meesten categoriseerde Angela de inhoud van hun rugzak voor de helft als 'overbodig' en 'blijft hier'. Alleen haar eigen campingbrander was toegestaan voor de hele groep. Die moest volstaan om voor iedereen koffie te maken; warme maaltijden zaten er niet in.

Daarmee was de introductie op het project ten einde. Ik overnachtte in een hotel in Gardiner en droomde 's nachts van agressieve grizzly's.

De volgende morgen verzamelden we om negen uur bij het startpunt van de trail. Het pad naar Yellowstone River liep steil bergafwaarts door rotsachtig gebied, met op sommige stukken woestijnalsemstruiken tot heuphoogte, die een aromatische geur verspreidden.

Na een uur betrok de lucht en even later brak er een zware onweersbui inclusief hagelstorm boven ons los. Omdat er niets was waar we konden schuilen, hurkten we op de grond met onze rugzakken boven ons hoofd om ons te beschermen tegen de hagelstenen ter grootte van een pingpongballetje. Terwijl ik naar de bliksemflitsen aan de hemel keek, schoot me weer te binnen wat

Angela de dag ervoor tijdens de berentraining had gezegd: 'In Yellowstone worden meer mensen dodelijk getroffen door de bliksem dan er worden aangevallen door een beer.' Gisteren had dat nog als een geruststelling geklonken...

Nadat de storm was overgetrokken, daalden we kletsnat en met knikkende knieën verder af in de kloof. Langzaam maakte de gedrukte stemming plaats voor het euforische gevoel het te hebben overleefd. Via een smalle ijzeren hangbrug staken we de kolkende Yellowstone River over. Boven op een van de stalen pijlers van de brug troonde een verlaten visarendnest. We volgden de rivier en bereikten via een houten vlonderpad het basiskamp. Een korte opklaring was net lang genoeg om de tenten op te zetten, waarna het opnieuw begon te plenzen.

De etenswaren en alles wat beren eetbaar vinden, ook deze keer inclusief tandpasta en kauwgum, werden verpakt in zakken en met een touw hoog in de lucht opgehangen tussen twee bomen. De grootste voorzorg en netheid waren het devies zolang we ons onder grizzly's bevonden.

Hoewel we vermoeide benen hadden, gunden de twee opperslavendrijvers ons geen tijd om uit te rusten; 392M wachtte op ons. Dan downloadde de eerste gegevens op zijn laptop. Met een gps-ontvanger gingen we op zoek en na enig geklauter vonden we de ongeveer vier dagen oude overblijfselen van een hertenkalf. De bioloog noteerde op een formulier de vindplaats, het vermoedelijke gewicht en het geslacht van het jong. Toen gaf hij iedereen een plastic zak om de botresten te verzamelen. Terwijl Eric met een 'cool' zo veel mogelijk botten begon in te pakken, hurkte Sarah naast de aangevreten schedel van het kalf en aaide zachtjes over het oor dat nog overgebleven was. 'Het beste,' fluisterde ze met een nadenkende uitdrukking op haar gezicht. Nadat we uit de kloof teruggekeerd zouden zijn, zou Dan de overblijfselen van het hertenkalf onderzoeken in het laboratorium en opsturen voor een DNA-analyse.

Het regende nog steeds toen we terugliepen naar het basiskamp, waar we staand en zwijgend ons avondeten verorberden. We waren allemaal moe van de vele indrukken en belevenissen. Angela had een zeil tussen twee bomen gespannen, zodat we in elk geval daar droog konden staan. We mochten niet in de tenten eten, omdat we daardoor beren konden aantrekken.

Ik legde mijn doorweekte kleren aan het voeteneinde van de tent op een stapeltje en kroop in mijn donzen slaapzak, die gelukkig droog was gebleven. Op die dag had ik me ontelbare keren afgevraagd waarom ik mezelf dit toch met alle geweld wilde aandoen. Ik was niet alleen volkomen uitgeput, maar ik had ook geen enkele spier meer in mijn lichaam over die geen pijn deed. Toch sliep ik diep en vast – met naast me de berenspray voor het grijpen, mijn zaklamp en het schepje, voor het geval dat ik er 's nachts een keer uit moest.

Er zijn momenten in je leven waarop het gewoon niet meer gaat. Je probeert alleen nog maar te overleven, je aan te passen en alles zo snel mogelijk achter je te laten. Zo voelde ik me de volgende ochtend toen het nog steeds regende. Regen die op het tentdoek roffelt klinkt misschien wel romantisch, maar is het niet wanneer je die beschutting moet verlaten en naar buiten moet. Toen werd ik gestraft voor mijn beginnersfout: geen droge extra kleren, geen plastic zak om de natte spullen in te doen en bovendien: helemaal de verkeerde kleding. Met een spijkerbroek aan een meerdaagse trektocht beginnen was gewoon dom. Ik krabbelde uit mijn warme slaapzak, trok mijn natte broek en schoenen aan, kauwde op een zacht geworden stuk knäckebröd met kaassticks en probeerde mijn handen te warmen aan een warme kop koffie. Gelukkig was Angela's campingbrander groot genoeg om voor iedereen flink wat koffie te zetten. Terwijl Don, Eric en ik nog doorweekt waren en maar moeilijk op gang kwamen, leken de anderen echte doorgewinterde kampeerders te zijn. Ik was jaloers op hun droge, functionele kleren.

Er was niets aan te doen, het werk moest gedaan worden. Langzaam begon het weer het te begrijpen; het wolkendek brak open en liet een paar zonnestralen door.

Na het ontbijt gingen we op pad. Behalve de frequenties van 392M had Dan ook de gegevens van vijftig hertenkalveren met een chip in hun oor op zijn laptop staan. Mochten we ergens een van die dieren dood vinden, dan moesten we het nauwkeurig onderzoeken om zo mogelijk de doodsoorzaak vast te stellen. Onze wolf leidde ons eerst naar de relatief verse botten van een volwassen hert. Dan ging aan het werk. Hij zaagde een dijbeenbot doormidden.

'Deze flinke jongen is in elk geval niet omgekomen van de honger.' Dan wees op het nog bijna helemaal intacte beenmerg. 'Dat is het laatste wat wordt verbruikt wanneer een dier verhongert. De grote hertenbokken vallen in de winter trouwens als eerste ten prooi aan de wolven. Hebben jullie een idee waarom?'

Iedereen trok zijn schouders op. Nu was het de beurt aan Angela. Die twee waren goed op elkaar ingespeeld en gaven elkaar perfecte voorzetjes.

'De mannen hebben het in de herfst te druk. Tijdens de bronst moeten ze hun harem bij elkaar zoeken en bewaken. Bovendien moeten ze hun dames verdedigen tegenover rivalen. Ze hebben dan geen tijd om te eten. En ten slotte sloven ze zich uit bij het paren.'

Grijnzend vervolgde Angela: 'Terwijl de meiden ontspannen in het gras liggen en hun buik rond eten, zijn de heren de hele tijd bezig. Daardoor gaan ze verzwakt de koude winter in.'

Het systeem hierachter leek me plausibel. Moeder Natuur had alles perfect geregeld: de mannetjes waren na de bevruchting immers niet meer nodig. De hinden hadden daarentegen in de winter al hun kracht nodig voor het nieuwe leven dat in ze groeide. Na de geboorte van de kalveren zorgden ze in hun eentje voor hun nakomelingen. Het was de enige taak van de o zo trotse hertenbokken dat ze hun genen over een zo groot mogelijk gebied verspreidden.

'Net zoals in het echte leven,' luidde het droge commentaar van Rick, waarmee hij de lachers op zijn hand kreeg, terwijl zijn dochter Sarah hem met haar elleboog in zijn zij porde.

We gingen verder met het volgen van de sporen van onze wolf. Ik genoot van deze unieke kans om het Hellroaring-plateau te verkennen. Hellroaring – de brullende hel. Zo hadden de eerste pioniers dit gebied in Yellowstone genoemd. Waarschijnlijk vonden ze in het voorjaar het donderende geraas van het smeltwater in de rivier klinken als het hellevuur. We bevonden ons nu op een hoogvlakte ver boven ons kamp. Hier waren geen wandelpaden meer, alleen nog maar eindeloze graslanden en steppe met woestijnalsem, gemengd met bloemenpracht als de gele balsemwortel, witte flox of rode en oranje castilleja. De hellingen van Hellroaring Mountain zaten vol stippen in verschillende tinten bruin: het donkere bruin van de bizonkuddes en het lichte, beigeachtige bruin van de wapiti's. Over een paar weken zou het groen van het gras verwelkt zijn tot een lichtgeel. Dit was de tijd voor de graseters – maar ook van de grote roofdieren. Ze moesten het gevoel hebben in Luilekkerland te zijn. Overal vonden we sporen van het duizenden jaren oude ritueel van jagers en prooi. Huidresten, botten, een bizonschedel. Negentig procent van de negenduizend vierkante kilometer van Yellowstone is wildernis. Ik was jaloers op de wolven die in dit prachtige landschap woonden.

Dan joeg ons op. We vonden nu overal sporen van 392M. Aan de gegevens van de laptop zagen we dat hij hier kortgeleden moest zijn geweest. Hij was zelfs in een kleine poel geweest. Daar zaten heel veel kikkers. Ik wist dat er een aantal wolven in Canada is dat zich gespecialiseerd heeft in het vangen van zalm. Maar ik had nog nooit gehoord van wolven die kikkers eten. Vermoedelijk had de mannetjeswolf alleen maar een verkwikkend bad genomen.

Het was al laat toen we terugkwamen in het kamp. Ook deze

avond aten we in de stromende regen. De zomermaanden zijn met hun regelmatige onweersbuien in de namiddag niet het beste seizoen voor trektochten. Toen het wolkendek opentrok, gingen we bij elkaar zitten om te kletsen over de belevenissen en ontdekkingen van die dag. Ik miste een verwarmend kampvuur. Maar dat was hier vanwege het extreem hoge bosbrandgevaar streng verboden.

Eric verheugde zich erop om op school over zijn backcountry-avonturen te kunnen vertellen. 'Die zullen hartstikke jaloers zijn. Alleen wel balen dat we geen grizzly hebben gezien.'

'En die daar achter je dan?' vroeg zijn vader voor de grap. Iedereen moest lachen toen Eric van schrik opsprong.

'Moet je hier eens kijken,' riep Dan, die een stuk verderop naar de grond stond te wijzen. Dierensporen. Ze waren groot en moeilijk thuis te brengen.

'Een poema! Ook wel bergleeuw of cougar genoemd. Die rotsen achter jullie zijn het woongebied van de bergleeuwen. Er zitten er een stuk of vijftien in het park.'

Joe ging op zijn hurken zitten en begon aan één stuk door foto's te maken. De rest keek onzeker om zich heen.

Nu was Angela weer in haar element. Het was tijd voor haar cursus 'Wat te doen als ik door een poema word aangevallen'.

'Er zijn in Yellowstone tot nu toe maar heel weinig mensen door poema's aangevallen,' stelde ze ons gerust. 'Maar we moeten wel bij elkaar blijven als zo'n dier zo dichtbij is.'

Bij een aanval was het belangrijk om grote indruk te maken. Fysiek groot!

'Als jullie een poema zien, blijf dan als groep dicht bij elkaar. Maak veel lawaai. Gedraag je dominant. Buig niet voorover, maar ga juist rechtop staan en maak je groter. Zo kunnen jullie hem verjagen.'

Joe sprong meteen overeind.

Toen we weer bij elkaar zaten, vertelde ik over de enige keer tot dan toe dat ik een poema had gezien. Ik had een paar jaar eerder vanuit Hellroaring Overlook een poemamoeder met haar drie jongen geobserveerd – precies in het gebied waar we nu aan het kamperen waren. Een wolvenroedel had de overblijfselen van een geveld hert laten liggen en was verder getrokken. De bergleeuwin nam deze kans waar en vrat van het kadaver. Haar kleintjes waren nog niet erg oud; ze hadden nog donkere babyvlekken op hun vel.

Toen er twee jonge wolven terugkwamen, klommen de welpen in een boom. De onervaren jonge wolven zagen ze waarschijnlijk aan voor speelgoed. Ze sprongen omhoog tegen de boom, terwijl de kleine poema's van bovenaf naar ze zaten te blazen en hun klauwen uitsloegen. Uiteindelijk hadden de wolven genoeg van het spelletje en slenterden ze weg.

'Wauw. Zoiets wil ik ook wel een keer meema...' Sarah maakte haar zin niet meer af en luisterde ingespannen naar de geluiden die door de duisternis klonken. In de verte klonk uit talrijke kelen wolfsgehuil. Coyotes vielen met heldere stemmetjes in bij het koor. We keken aan alle kanten om ons heen, maar konden niet ontdekken waar het gezang vandaan kwam.

Iedereen die voor het eerst in de wildernis het gehuil van wolven hoort, is geëmotioneerd; velen moeten huilen. De klank lijkt onze ziel te raken, iets wat heel diep in ons zit. Een herinnering aan een oeroud leven, toen we nog met de natuur verbonden waren. We worden overmand door een mengeling van eerbied, vreugde en angst.

Ik geniet elke keer weer wanneer ik in mijn eentje wolven in de wildernis hoor huilen. Een gezelschap als dit geeft zo'n belevenis echter nog een extra dimensie. Het stralen dat ik in de ogen van Rick en Sarah, van Don en Eric en van Joe en Tim zag, was dezelfde gelukzalige glans die ik elke keer weer bij de deelnemers aan mijn wolvenreizen kon waarnemen. Op zulke momenten voel ik een diepe sympathie in me opkomen. Ik weet hoe die mensen zich op dat moment voelen. Door de dieren sta ik met hen in verbinding. En ik ben dankbaar dat we die ervaring mogen delen.

De dag daarop zat weer propvol gepland met clusters, positiebepalingen, zoeken naar kadavers, botten identificeren en uitwerpselen rapen. We klommen naar een uitzichtpunt om naar de Geodewolven te speuren. Tevergeefs. Toen we 's avonds de gps-gegevens downloadden, kwamen we erachter dat onze 392M vrijwel de hele tijd in de buurt van het welpennest was gebleven. Hij had zijn buik gevuld en er was dus geen reden om de komende dagen in actie te komen.

De volgende dag klommen we weer omhoog naar de *trailhead*. Er hing een sfeer van afscheid nemen. Iedereen was tijdens de vier uur naar het startpunt in zichzelf gekeerd. Ik noem dat 'het wilderniseffect': de intense nabijheid van de natuur verandert iedereen die er een langere periode in doorbrengt. Vooral als de schepping zo alomvattend en overweldigend is als hier. Daar komt nog de nabijheid van grote roofdieren bij, waardoor we nog oplettender worden. Wie wordt er nou niet geraakt door deze magie?

Tijdens ons wolvenkamp hebben we heel intensief de verbanden in de natuur kunnen zien en leren begrijpen. Het fijne wisselspel tussen wolf en buit, jager en prooi. Hier leerden we wat het betekent om de dieren in hun natuurlijke omgeving mee te maken en zo het complete beeld te begrijpen. Omdat we ons in hun wereld – de wereld van de dieren – hadden begeven.

Toen we bij de auto's aankwamen, wisselden we e-mailadressen uit voordat onze wegen zich scheidden. We wilden contact houden. Door deze unieke ervaring waren we samengegroeid tot een 'roedel'. We waren als onbekenden afgedaald in de kloof en als vrienden teruggekomen. In het basiskamp hadden wij, compleet verschillende mensen, in een uitzonderlijke situatie zonder ruzie samengewerkt, wat op zich al zeldzaam is. Ons verbond niet alleen het gevoel door het project de wolven te helpen, maar ook dat we samen hadden ervaren deel te zijn van de natuur.

Als gezelschap deel uitmaken van iets groters was een geschenk – niet alleen van de wildernis voor ons, maar ook van ons voor de wildernis.

OP HET SPOOR VAN DE GRIZZLY'S

Het Yellowstone National Park was altijd al een van mijn favoriete nationale parken, ook al lang voordat in 1995 de wolf er geherintroduceerd werd en ik het grootste deel van het jaar besteedde aan wolfobservaties. Eind jaren zeventig ging ik er al regelmatig op vakantie. Het landschap, de geisers en de wilde dieren hadden me in hun greep. Later werkte ik als reisleider en organiseerde ik mijn eigen wildernistochten in het park. We overnachtten dan in hotels en de observaties van wilde dieren bleven beperkt tot wat we vanaf de weg konden zien. In het voorjaar van 1986 besloot ik voor een wat langere tijd ertussenuit te gaan, omdat ik van plan was me meer aan de wildernis te wagen, lange trektochten te maken en te slapen in een tent.

Op een ochtend eind mei naderde ik de toegangspoort van het nationale park in West Yellowstone en ik stopte bij het kantoor van de rangers om informatie in te winnen over de actuele toestand van de wegen en de geopende campings. Op de toegangsdeur was een briefje geniet, waarop stond: CAMPGROUND FISHING BRIDGE: GEEN TENTEN, ALLEEN CAMPERS EN CARAVANS. BERENACTIVITEIT!

Dat begon lekker. Ik ging naar binnen en vroeg bezorgd aan de ranger die achter de balie papieren stond uit te zoeken: 'Ik las net dat briefje. Eigenlijk wilde ik hier kamperen en wandelen. Maar nu weet ik dat niet meer zo zeker. Hoeveel beren hebt u de laatste tijd gezien?'

'Nou, sinds april heb ik er persoonlijk negen gezien. Natuurlijk kan ik niet met zekerheid zeggen dat het negen verschillende beren waren, maar het waren allemaal grizzly's. Eentje was een grote, een mannetje van driehonderd kilo. Een andere was een berin van zo'n honderdvijftig kilo met een tweeling. Die jongen heb ik niet bij die negen meegeteld. Een andere was een jongvolwassene, van een kilo of honderd. Ik denk dat ik het verschil wel kan zien.'

'Hoe gevaarlijk zijn ze?' vroeg ik bezorgd.

'Heel gevaarlijk. Het probleem met een grizzly is dat je zijn gedrag niet kunt voorspellen. Je weet dan ook nooit hoe je je moet gedragen. Of je het best de wind in de rug of wind tegen moet hebben, of lawaai ze afschrikt of alleen maar irriteert, of je tegen ze moet praten, langzaam achteruit moet lopen of in een boom moet klimmen. Meestal zullen ze zich omkeren als ze een mens zien, wat die ook doet. Maar beren staan erom bekend af en toe ook mensen aan te vallen die al die tactieken gebruiken die ik zojuist heb genoemd. En ze kunnen iemand doden en opeten.'

'Iemand vertelde me eens dat ik belletjes aan mijn rugzak moest hangen om ze te verjagen. Is dat een goed idee?'

'Ik weet het niet. Misschien maken die belletjes ze alleen maar hongerig. Sommige mensen beweren dat de beren hebben geleerd die belletjes te associëren met voedsel.'

Ik had al eerder in de wildernisgebieden van Noord-Amerika geleerd een grizzly en een zwarte beer van elkaar te onderscheiden. Zwarte beren zijn donkerder en kleiner dan de bruine grizzly's, die vooral te herkennen zijn aan hun enorme bult tussen de schouders. Tot zover de snelcursus. Zoals ik later bij de beren in Yellowstone zou ervaren, is het verschil niet zo eenvoudig te zien: er waren zwarte beren die groot en bruin, soms zelfs kaneelkleurig waren. En er waren ook kleine en zwarte grizzly's. Vaak kon je het verschil pas zien als je dichterbij kwam. Maar daar wilde ik me tijdens mijn trektocht niet aan wagen. Ik zocht naar iets wat me kon geruststellen.

'Is het mogelijk om aan de uitwerpselen het verschil tussen een zwarte beer en een grizzly te zien?'

De ranger grijnsde, leunde naar voren over de balie en fluisterde samenzweerderig: 'Ja, dat kan. In de uitwerpselen van een grizzly zitten belletjes.'

Blozend keek ik achterom en ik was blij om te zien dat ik nog steeds de enige toerist in het kantoor was. Later leerde ik dat de uitwerpselen van de twee berensoorten alleen door middel van een laboratoriumtest met zekerheid van elkaar te onderscheiden zijn.

'U zou me dus afraden een trektocht door het grizzlygebied te maken?'

'Nee, dat niet. Wat de risico's betreft, we doen elke dag dingen die gevaarlijker zijn. De kans is groot dat u niet eens een beer te zien krijgt. En als u er toch een tegenkomt, weet u waarschijnlijk niet hoe u moet reageren. Dat weet niemand. De Park Service moet in elk geval iets tegen u zeggen om zich in te dekken tegen schadevergoedingseisen als er iets gebeurt. Dus adviseren ze: "Klim in een boom of loop langzaam weg. Doe of u dood bent om een berenmoeder ervan te overtuigen dat u haar jongen niets zult aandoen." Maar om eerlijk te zijn, voordat u een boom hebt gevonden waar u in kunt klimmen, is het waarschijnlijk al te laat om ook nog maar iets te kunnen doen. Maar de Park Service kan wel zeggen dat u gewaarschuwd was.'

'Dan zou het toch dom zijn om door het grizzlygebied te gaan lopen?'

'Nou, het is niet dommer of gevaarlijker dan met een auto de snelweg op te gaan. Maar het is slecht voor de grizzly's. Zij hebben het achterland nodig. Elke keer dat er iemand wordt gedood, sterft er waarschijnlijk een beer. Vaak is het niet eens de dader, en als dat wel zo was, werd hij waarschijnlijk geprovoceerd. We weten het niet.'

Maar er moest toch ook nog een of andere beer zijn die niet zo gevaarlijk was?

'Hoe zit het met de zwarte beer?'

'We hebben hier in Yellowstone tussen de vijf- en zeshonderd zwarte beren en drie- tot zeshonderd grizzlyberen. Beide soorten zijn onberekenbaar en hun reactie is vaak ook afhankelijk van hun humeur. Sommige zijn op zoek naar voedsel, andere op zwerftocht, soms kan er één ook gewoon weleens een slecht humeur hebben. Wie verstand heeft van beren kan misschien zeggen in wat voor bui Bruintje Beer op een bepaald moment is, maar de meeste mensen kunnen dat niet inschatten.'

Ik bedankte hem en vroeg me stilletjes af wat hem ertoe had bewogen de kant van de beren te kiezen.

Die avond kampeerde ik op camping Madison. Na het eten slenterde ik langs de rivier de Madison. Hier had op 17 augustus 1959 de Hebgen Lake-aardbeving met een sterkte van 7,5 op de schaal van Richter dramatische verwoestingen aangericht en de geografie van het park radicaal veranderd.[7] Bergen brokkelden af, er ontstonden meren op plaatsen waar daarvoor nog niets was en de temperatuur van de warmwaterbronnen steeg. De aardbeving veroorzaakte een scheur in de aardkorst waaruit driehonderd geisers ontstonden en enorme rotsblokken de lucht in werden geslingerd. In de buurt van de plek waar ik nu ging wandelen, waren zes leden van één familie door sterke windhozen in de rivier beland en omgekomen. Binnen enkele minuten waren meer mensen gestorven dan er in dit park ooit waren gedood door grizzly's.

De volgende ochtend smolt mijn angst bij een kop koffie langzaam weg om plaats te maken voor een gevoel van opwinding nu ik een keer helemaal toerist mocht zijn, zonder verplichtingen en afspraken. Eindelijk had ik een keer de tijd om het park in alle rust te ontdekken. Ik kon me ontspannen en samen met de andere toeristen wachten tot de geisers uitbraken; ik kon over de houten vlonders wandelen die over de warmwaterbronnen leidden; ik kon herten, bizons en elanden observeren, die volgens hun dagelijkse routine aan het weiden of rusten waren. En er bestond een kans dat ik een grizzly zou zien. Wolven waren er toen nog niet. Het zou nog negen jaar duren voor die geherintroduceerd werden, in 1995.

Ik had een stapel kaarten van Yellowstone en het nabijgelegen Teton National Park gekocht en maakte er een dagelijks ritueel van om 's morgens bij de koffie aan de hand van die plattegronden een plan voor die dag te maken. Ik was vastbesloten me tijdens deze vakantie geen moment te haasten. De daaropvolgende dagen wandelde ik langs de geiserpaden, hing met een cappuccino en een *rocky road ice* (chocolade-ijs gemengd met noten en marshmallows) rond in de lobby van de historische Old Faithful Lodge en keek toe terwijl de 'oude vertrouwde' geiser onder gejuich – ja, gejuich! – van de mensenmassa precies op tijd tot uitbarsting kwam. Ik zat aan de rand van de uitgestrekte graslanden en keek naar de herten, antilopen, bizons en een reusachtige elandstier. Bij een raftingtour daalde ik in een rubberboot Snake River af, waar ik witkopzeearenden, visarenden, trompetzwanen en Canadese kraanvogels zag. Regelmatig ging ik 's middags met de camera in de aanslag op een steen aan een van de vele meren zitten, zowel in de hoop als in de vrees een grizzly te zien die daar kwam drinken of vissen. Helaas tevergeefs. Misschien waren ze nog in winterrust, of waren ze naar het achterland omdat ze last hadden van de toeristen.

Er zijn vele gevaren in het Yellowstone Park; elk jaar komen er wel mensen om. Ze verbranden in de warmwaterbronnen of als ze te dicht bij de geisers komen, vallen ze van de rotsen. Soms worden ze meegesleurd door een waterval, geraakt door een vallende boom, doorboord door een bizonhoorn of doodgestampt door elanden. Slechts heel zelden wordt iemand aangevallen of gedood door een grizzly. Toch is en blijft de grizzly het symbool van gevaar, het wezen dat gevreesd moet worden. Beren kunnen op elke plek opduiken die regelmatig door mensen wordt bezocht: op campings, wandelpaden of picknickplaatsen.

Ondanks de vaste overtuiging van de ranger dat de backcountry uitsluitend voor de grizzly gereserveerd moest blijven, nam ik er geen genoegen mee dat ik me moest beperken tot de weg die in de vorm van een liggende acht de bezienswaardigheden in het park met elkaar verbond. Ik besloot een dag naar het achterland te lopen, ook al moest ik in mijn eentje gaan.

En daar had je het weer: bij het beginpunt van het wandelpad stond een bord met de waarschuwing dat hier onlangs nog beren waren gezien. Wandelaars werd aangeraden in groepen te lopen en veel lawaai te maken. Ik moest denken aan de woorden van die ranger, die zei dat je nooit wist of lawaai de beer afschrikt of juist boos maakt. Ik besloot het risico te nemen. Toen ik op de grond ging zitten om mijn bergschoenen aan te doen, merkte ik een vrouw op die een meter of twintig verderop haar schoenen zat te strikken.

'Ben je alleen?' vroeg ik.

'Tja,' zei ze, terwijl ze glimlachend om zich heen keek. 'Daar lijkt het wel op.'

'Zullen we samen wandelen of wil je liever alleen zijn?'

'Nee, ik zou wel graag gezelschap hebben.' Ze wees naar het bord dat waarschuwde voor beren.

Mijn nieuwe wandelkompaan stelde zich voor als Patty. We gingen samen op pad en al na een paar minuten bleken we het goed met elkaar te kunnen vinden. Patty was lerares aan een medische hogeschool in Colorado. In de tijd dat ze nog op een college zat, had ze samen met een andere vrouw ongeveer een derde deel van de Pacific Crest Trail[8] gelopen. De PCT fascineerde me al lang en stond bovenaan mijn to-dolijst. Misschien omdat we allebei al een tijdje alleen aan het reizen waren, kletsten we veel en we vertelden elkaar over de belangrijkste gebeurtenissen in ons leven. We praatten over geloof, politiek en mannen. Ze vertelde me over de bypassoperatie van haar vader, ik over het recente overlijden van een goede vriend.

Toen kwamen we bij een bord dat waarschuwde niet verder te gaan: VANWEGE BERENACTIVITEIT GESLOTEN. Normaal gesproken is 'berenactiviteit' een eufemisme voor agressief gedrag van beren en kan het zelfs wel een aanval of zoiets betekenen. We hadden allebei geen zin meer om verder te gaan. In plaats daarvan troostten we ons met een picknick. We gingen op een omgevallen boomstam zitten en aten onze laatste proviand op, waarbij we de omgeving nauwlettend in de gaten hielden.

Of er een beer was die ons eten rook? Er wordt immers gezegd dat ze heel goed kunnen ruiken. Hoorden we daar niet iets kraken? Zagen we daar achter die boom iets bewegen? Ik keek onrustig om me heen. In de wildernis nemen we dingen anders waar. Niets scherpt onze zintuigen meer dan het idee dat ons eigen leven kan afhangen van één enkel geluid, één enkele geur of beweging die we vanuit een ooghoek waarnemen. Het is vermoedelijk een vaardigheid die op zo'n moment uit ons evolutionaire onderbewustzijn aan onze beschaafde oppervlakte boven komt drijven.

Ook Patty hield op met kauwen en keek om zich heen. 'Alles oké,' zei ze toen. Pas toen ik de adem uitblies die ik een hele tijd had ingehouden, merkte ik hoe gespannen ik was geweest.

'Wist je trouwens dat mannen en vrouwen in onze cultuur angst verschillend ervaren en er ook anders op reageren?' vroeg Patty me.

Daar had ik nog nooit over nagedacht. Ik had angst nog nooit als iets geslachtsspecifieks bekeken.

'Wij vrouwen zijn vaker bang. De sociale en lichamelijke macht van mannen over ons is onze historische erfenis. Angst is een soort radar. Als een vrouw 's nachts alleen over straat loopt of de deur opendoet voor een onbekende, maakt ze een bliksemsnelle inschatting en reageert ze daarnaar. Daarbij gaat het er niet om die angst te overwinnen, maar eerder om het trainen van onze waarneming, zodat we een echt gevaar op tijd herkennen en kunnen vermijden. Het is een soort straatwijsheid.'

'En wat heb ik daaraan als ik een beer tegenkom?' vroeg ik.

'Als vrouw dragen we deze emotionele resonantie met ons mee wanneer we de wildernis in gaan. Ons is geleerd dat een man de bossen in gaat om zijn moed te testen. Hij beklimt bergen, peddelt bergafwaarts over stroomversnellingen en doodt beren. Een vrouw gaat niet het bos in om tegen haar angst in te gaan, maar om die te ontwijken. Ze plukt bessen, paddenstoelen en kruiden. Als ze zich een voorstelling maakt van een blokhut waarin ze zou willen wonen, ziet ze beelden van een groentetuin voor zich, van bloemen voor de ramen. Wat ze niet ziet, is het hertengewei boven de voordeur of het geweer dat ze altijd bij zich moet hebben als ze in het gebied van de grizzly's bessen gaat plukken. Hoe erg ze ook naar de wildernis verlangt, zodra ze daar weer is, komt ze haar oude vertrouwde metgezel, de angst weer tegen. En zo richt de ene vrouw haar radar op een psychopathische wildernisman, de andere op een woeste beer.'

'Nou, dan geef ik de voorkeur aan een woeste beer,' zei ik. Patty proestte het uit. Ze toverde een chocoladereep uit haar rugzak en deelde die met me voordat we ons opmaakten om weer naar de auto's terug te lopen. Aan het einde van onze wandeling wisselden we adresgegevens uit en bij het afscheid nemen beloofden we elkaar ooit nog een keer samen een trektocht te maken – misschien zelfs wel de PCT.

Toen ik die avond terugreed naar de camping, zag ik enkele auto's langs de weg geparkeerd staan en een groepje toeristen die ergens naar wezen. Nog voordat ik uit de auto stapte, zag ik een reusachtig grote beer op een heuvel. Het was niet moeilijk voor me om het dier te identificeren. Het was overduidelijk een grizzly: een uitstekende spierbundel tussen de schouders, zilverkleurige uiteinden aan het haar. Zijn omvang en het feit dat er geen jong in de buurt was, wezen erop dat het een mannetjesbeer betrof. Ik keek ongeveer een uur toe terwijl hij in de grond woelde, met zijn krachtige klauwen enorme brokken rots omdraaide

en geconcentreerd naar wortels zocht. Het was vrijwel ondenkbaar dat er iets kon zijn wat hem kon verstoren op zijn zoektocht naar eten.

Mijn ontzag voor de wildheid van de natuur werd vergroot door zo'n machtig, potentieel gevaarlijk roofdier op slechts een paar honderd meter afstand te kunnen observeren. Deze beer zou 'onze' beer geweest kunnen zijn, de beer waarvoor we bang waren tijdens onze wandeling.

Als iemand me nu vraagt hoe het is om in een berengebied te kamperen of rond te trekken, moet ik aan deze grizzly denken. Terwijl ik daarginds mijn tent opzet, een pad af loop of mijn eten op een gasbrandertje klaarmaak, denk ik normaal gesproken alleen aan wat ik op dat moment aan het doen ben – dat wil zeggen, áls ik al ergens aan denk. Die avond, waarop ik voor het eerst naar een grizzlybeer keek die aan het graven was, voelde ik iets wat ik 'berendenken' zou kunnen noemen. Ik was net zo scherp geconcentreerd op die gravende grizzly als hij bezig was met zoeken naar voedsel. We waren allebei bezig met het leven. De beer oogstte de voedingsstoffen die hij nodig had om vet aan te maken zodat hij de harde winter kon doorstaan, terwijl ik een ander soort voedsel verzamelde dat ik nu als 'wildernisvoedsel' zou omschrijven.

Ik was erachter gekomen dat je ook anders naar een beer kunt kijken. Dat hij niets met ons te maken heeft, dat hij zijn hele leven helemaal voor zichzelf en zijn soort leeft, zonder de verplichting ons iets te moeten leren. Dat was heel bevrijdend.

'Wees voorzichtig, daarginds zitten beren.' Hoe vaak had ik die waarschuwing al niet in verschillende varianten van familie en vrienden gehoord voordat ik naar Yellowstone vloog. Maar niemand waarschuwde me voor risico's die meer voor de hand lagen. Tenslotte zijn er ook auto's 'daarginds', hoewel de adrenalinekick duidelijk geringer is wanneer ik op de snelweg rijd dan wanneer ik weet dat ik dat ene grote roofdier kan tegenkomen dat daar door de wildernis struint. Een bord aan het begin van een wandelpad was genoeg: PAS OP: GEVAAR VOOR BEREN. OP DIT PAD ZIJN GRIZZLY'S WAARGENOMEN.

Wandelaars, kampeerders en ieder ander die zich in een berengebied bevindt, moeten een paar basisregels in acht nemen die van levensbelang zijn. Er zijn drie dingen die je bij een beer nóóit moet doen: hem verrassen, te dicht bij zijn eten komen en tussen een moeder en haar jong komen.

Dat laatste is me een keer per ongeluk overkomen in Minnesota. In 1991 was ik net ingetrokken bij een vriend die in een blokhut midden in de wildernis woonde, een bosgebied met wolven en beren. Op een ochtend was ik te voet op weg naar de brievenbus, die acht kilometer verderop aan de straat stond. De wandeling en de stilte van het bos waren een weldaad, omdat die me even afleiding bezorgden van het harde werken in het huttenbestaan. Plotseling zag ik iets donkers op me afkomen. Een zwarte berenbaby was zo druk bezig al die spannende geuren op het pad op te snuffelen dat die me helemaal niet opmerkte. Opgetogen aanschouwde ik het bolletje vacht, maar ik maakte me tegelijkertijd zorgen om zijn moeder, die zich vast ergens vlakbij bevond. Plotseling hoorde ik gesnuif achter me en ik zag vanuit mijn ooghoeken een imposante berin die op haar achterpoten ging staan om te kunnen ruiken. Ik zat in de val tussen mamabeer en babybeer, die me ook eindelijk in de gaten had gekregen. Voordat ik een verdedigingsstrategie kon bedenken, klonk er een kort 'woef' van de berin en vluchtten de twee bliksemsnel de bosjes in. Alleen het gekraak van takjes was te horen toen familie Zwarte Beer vluchtte voor het monster Mens. Toen pas merkte ik dat ik stond te trillen op mijn benen en ik was blij dat deze directe confrontatie goed was afgelopen.

In 1997 was ik getuige van een voorval in Yellowstone dat me liet inzien hoeveel kracht een zwarte beer kan ontwikkelen. Via de mobilofoon hoorde ik rangers berichten over een 'berensituatie'. Op de parkeerplaats bij Tower Falls was een zwarte berin met haar twee jongen bezig een auto te slopen. De bestuurder van de auto was naar het uitzichtplatform gelopen om de watervallen te fotograferen. 's Morgens had hij een hert aangereden, waardoor er waarschijnlijk nog een paar vleesresten van het kadaver in de grille en aan de bumper zaten – nu waarschijnlijk een beetje opgewarmd. De beren waren op de vleesgeur afgekomen. Terwijl de berenjongen op de auto klommen en de bumper lostrokken, sloeg de berin een raam in, sloeg haar klauwen om de bovenrand van het portier en rolde het blik naar beneden alsof ze een blikje sardientjes opentrok. Toen schoof ze haar dikke lijf naar binnen en haalde alles uit de auto wat ze voor 'eetbaar' hield: rugzak, blikjes cola en mueslirepen. Toen de bestuurder van de auto eindelijk aan kwam rennen en probeerde de dieren te verjagen door hard te schreeuwen, werd de berenmoeder agressief en viel ze aan. Ze rende dreigend op de man af, maar draaide vlak voor hem de andere kant op. Intussen waren er meer toeristen bij gekomen, die tegen de beren schreeuwden. De berin liep woedend heen en weer tussen haar jongen en de mensen. Na een tijdje verschenen er rangers, die de dieren uiteindelijk met knalvuurwerk wisten te verjagen.

'Wat zal die voor verhaal ophangen tegen de verzekering?' vroeg iemand uit de toegestroomde menigte, waarmee hij de lachers op zijn hand had. Ik kon er echter niet om lachen. Ik was geschrokken van de kracht waarmee de berin de auto had opengebroken en de woede waarmee ze op de eigenaar van de auto was afgestormd.

De liefde van een berenmoeder voor haar jongen is legendarisch. In dit geval was de zwarte mamabeer op verschillende manieren tegelijk uitgedaagd en boos gemaakt: ze dacht dat haar jongen in gevaar waren, ze was gestoord tijdens het eten en ze was door de toeristen op stang gejaagd.

Vroeger was Yellowstone het absolute paradijs voor berenkijkers. Aan het eind van de negentiende eeuw was het onder toeristen populairder om beren te voeren dan om naar de geisers te kijken. De hotels stortten hun afval op open vuilnisbelten. Onder toezicht van bewapende rangers keken elke avond honderden toeristen toe terwijl er grizzly's door de resten van het hotelafval woelden. Regelmatig voegde een gevecht tussen de beren hier nog een extra kick aan toe. Op oude foto's is te zien dat brutale beren door de autoraampjes van de toeristen naar binnen leunen. Er had zich een heel leger vierpotige 'straatrovers' ontwikkeld, dat zich met de hand liet voeren door de bezoekers. Dat had natuurlijk gevolgen. Er werden regelmatig toeristen gekrabd of gebeten door de 'tamme' beren. Pas in 1970 werd het voeren verboden; het afval werd begraven en er werden beerveilige afvalbakken geplaatst, waarna het bedelen ophield.

Hoewel er bij elke toegang tot het park flyers worden uitgedeeld met informatie over hoe je je moet gedragen in een gebied met beren, maken veel bezoekers zich geen zorgen over de gevaren. Er wordt maar al te vaak afval achtergelaten. Terwijl zelfs het kleinste etensrestje al dieren aantrekt: beren, coyotes, eekhoorns. Die eten allemaal mensenvoer. Als ze eraan gewend raken, kunnen ze een plaag of gevaar gaan vormen. Aan het eind van het liedje volgt de kogel uit een geweer. Een gevoerd dier is een dood dier.

Beren zijn groot, gevaarlijk en onbevreesd? Fout!

Beren zijn ook maar beren. Hun leven zit vol gevaren en er zijn drie dingen in het bijzonder waarvoor ze bang zijn: andere beren, het onbekende en mensen. Elke plotselinge of onbekende aanblik, een geluid of geur kan een beer direct alarmeren en op de vlucht jagen. Ik heb beren gezien die bang waren voor onweer. Grazende grizzly's, die bij elke harde donderslag in de lucht sprongen van angst en het bos in vluchtten wanneer ze het te heftig vonden worden.

Wanneer ik rondtrek door een gebied met beren, ben ik me elk moment bewust van het potentiële gevaar waaraan ik me blootstel. In een open landschap kan ik beren al van verre zien – en zij mij. Dan is er niet veel aan de hand. Maar wanneer ik tussen alsemstruiken loop die tot heuphoogte komen of steeds dichter bij een heuveltop kom, lopen de rillingen over mijn lijf, want ik heb geen idee wat of wie ik kan tegenkomen.

In de herfst van 2005 brak het 'moment der waarheid' aan waarvoor ik al jaren zo had gevreesd: ik werd aangevallen door een grizzly.

Na een tamelijk lange onderzoeks- en ontdekkingsvakantie in Yellowstone was ik op weg naar Bozeman om naar huis te vliegen. Omdat ik nog wat tijd overhad, nam ik niet de rechtstreekse route door Paradise Valley via Livingstone. Daarentegen koos ik de omweg die landschappelijk mooier was, door de westelijke uitgang en dan in noordelijke richting, langs Hebgen Lake en de Madison Range. Toen de vele koppen koffie van die ochtend van zich deden spreken, sloeg ik af bij een veldweggetje en volgde de bordjes naar een picknickplaats. Er stonden slechts twee houten tafels met banken. Een kabbelend beekje maande me dat ik moest opschieten. Ik liep iets verder de bosjes in – zonder mijn eigen advies ter harte te nemen om altijd, maar dan ook áltijd pepperspray bij je te hebben. Het was immers 'maar een klein stukje verderop'.

Toen ik klaar was en weer terug wilde lopen, dook plotseling en zonder een enkel geluidje de imposante kop van een grizzly op uit de struiken, een meter of vijftig verderop. Het bloed stolde in mijn aderen. De grizzly zoog zonder zich te bewegen lucht naar binnen en nam me met zijn fonkelende kleine ogen op. Die blik van de beer recht in mijn gezicht – ik wist zeker dat dat het einde was. Mijn hoofd was leeg, er was niets meer, alleen die grizzly en ik. Ik voelde me weerloos, volledig overgeleverd aan dat beest met die reusachtige klauwen. Ik had geen idee wat ik moest doen. Ik wilde alleen maar weg. Dat mijn benen desondanks het bevel 'stop!' kregen, had ik te danken aan mijn ervaring en talrijke gesprekken met biologen en berenexperts, maar vooral ook aan de berencursus van Angela Patnode, die ik een jaar eerder had gevolgd in voorbereiding op het Wolf Base Camp. Ik hoorde Angela's stem in mijn hoofd: 'Je kunt niet wegrennen voor een beer.' Ik wist dat deze *ursus arctos horribilis* (het begrip 'horribilis' was op dat moment wel heel erg treffend) in elk geval sneller zou zijn dan ik en dat vluchten hem bovendien tot een aanval zou aanzetten. Om hulp roepen ook, als iemand me al zou horen. De pepperspray... lag in de auto. Mijn hart klopte sneller dan ik ooit voor mogelijk had gehouden. Het bloed ruiste in mijn oren.

De grizzly toonde zijn angstaanjagende volledige lengte door op zijn achterpoten te gaan staan. Hij hield zijn ogen constant op mij gericht en snoof de lucht uit mijn richting op. Toen liet hij zijn voorpoten op de grond vallen en stormde op me af, waarbij hij een keer met zijn rechter-, en daarna een keer met zijn linkerklauw op de grond sloeg. Ik hoorde een 'woef' en zijn tanden die op elkaar klapten – een duidelijke waarschuwing. Dit leek zich allemaal in extra vertraagde beelden voor mijn neus af te spelen.

Angst kennen we allemaal. Angst is van levensbelang. Bij gevaar moeten we ogenblikkelijk reageren en bliksemsnel kunnen inschatten: pas op, gevaar! Binnen een fractie van een seconde komen er stresshormonen vrij. De hartslag, bloeddruk en ademfrequentie nemen toe. De spieren worden beter doorbloed. We zijn klaar om te vluchten of vechten.

Ik was helemaal nergens meer klaar voor. Het enige wat ik nog kon denken was: goed dat ik net mijn blaas nog heb geleegd. De rest van mijn hersenen werkte niet meer. Zo is het dus als je doodgaat. Alsjeblieft, God, laat het snel voorbij zijn en geen pijn doen.

Misschien was de grizzly geërgerd geraakt doordat ik bleef staan. Of had hij alleen maar duidelijk willen maken dat dit zijn territorium was en hij geen indringers duldde. Wat het ook was

– op een meter of twee voor mij keerde hij om en sjokte brommend weg, maar niet zonder om de paar meter nog even naar me om te kijken.

Nu het gevaar geweken was, stroomde alle kracht uit me. De spanning liep uit mijn lichaam als lucht uit een ballon. Ik had mijn knieën niet meer onder controle, ze trilden zo erg dat ik moest gaan zitten. Nog nooit in mijn leven had ik me zo ongelooflijk kwetsbaar, verloren en overgeleverd gevoeld. Ik werd overmand door emoties: van onbedwingbaar snikken tot hysterisch 'bedankt' fluisteren in de richting van de beer.

Hoe lang het duurde voordat ik weer opkrabbelde en begon terug te lopen naar de auto kan ik niet zeggen. Om mezelf te kalmeren, maar ook om de beer, die misschien nog in de buurt was, te laten weten dat ik er nog was, praatte ik hardop tegen mezelf: 'Geluk gehad? Nee toch zeker? Hier in de diepe wildernis heb je geen geluk. Je gaat dood of je overleeft. Ik was op het verkeerde moment op de verkeerde plek... Shit happens... Sorry, beer, dat ik je liet schrikken. Het is niet jouw schuld. Maar blijf nu alsjeblieft weg tot ik bij de auto ben.' Zo kletste ik erop los, terwijl ik probeerde mijn stem vast en zelfverzekerd te laten klinken.

Deze gebeurtenis heb ik toen niet gemeld bij de rangers of aan iemand anders verteld. Die pure angst en de daarmee gepaard gaande emoties waren zo intiem dat ik ze voor mezelf wilde houden. Maar vanaf toen ben ik de wildernis – en hoe ik omga met angst – anders gaan zien. De constante 'kleine' angst raakte ik kwijt op het moment dat de grizzly op me afrende en ik met echt 'grote' angst werd geconfronteerd. Het gevaar dat ik had doorstaan maakte me duidelijk hoe kwetsbaar ik als mens ben. En het herinnerde me eraan hoe ongelooflijk mooi het is om te leven.

In de voetsporen van grizzly's rondlopen betekent ook angst leren kennen; een angst die je nieuw leven kan inblazen. Het is de angst voor het onbekende, de dood. Het gaat er niet om die angst te overwinnen, maar om die te leren kennen en er klaar voor te zijn ermee te leven. We zullen die angst in ons leven blijven tegenkomen, telkens weer. En we ontkomen er niet aan, maar we moeten die accepteren, zelfs leren waarderen.

'Vandaag maken we een trektocht naar de backcountry die de hele dag duurt,' kondigde ik de deelnemers aan een van mijn wolvenreizen op een dag aan. We hadden dagenlang wolven geobserveerd en daarbij ook weleens een beer ontdekt. Maar nu zou het serieus worden. Ik wilde met hen naar het afgezette stuk bij Rose Creek, hoog in de bergen. Daar waren in 1995 de eerste Canadese wolven ondergebracht en later vrijgelaten. Het was het enige afgezette acclimatiseringsgebied dat nog bestond. De weg ernaartoe liep door grizzlygebied. Eerst gaf ik de opgewonden deelnemers van mijn groepje instructies over hoe ze zich dienden te gedragen: tijdens het wandelen hard praten of zingen, en wanneer we een beer tegenkwamen nóóit wegrennen, maar blijven staan.

Harald, een grote, sterke automonteur, was niet gewoon bang, maar beefde gewoon van angst. Toch wilde hij de tocht beslist meemaken. 'Voor alle zekerheid' had hij berenbellen meegenomen. Hij had ze om beide enkels en polsen en aan zijn rugzak gebonden. Voor ons leverde het behoorlijk wat geluidsoverlast op, maar hij durfde nauwelijks een stap te verzetten. Hij draaide zich voortdurend om, waarbij de paniek in zijn ogen stond. Om hem te kalmeren lieten we hem in het midden van de groep lopen, met aan elke kant een hiker met pepperspray. Het leek me te riskant om Harald zelf verdedigingsspray in de hand te geven. Niemand kon van de wandeling of het uitzicht genieten. Uiteindelijk ging het geklingel van die bellen ons zo op de zenuwen werken dat we hem midden in het berengebied dreigden achter te laten als hij de belletjes niet afdeed.

Angst hoort bij het leven. We zijn allemaal wel ergens bang voor. En dat is ook goed, want zonder angst zouden we niet kunnen overleven. Maar irrationele paniek schaadt ons alleen maar, omdat we niet meer helder kunnen denken zodra we erdoor worden gegrepen. Als we ons alleen nog maar kunnen concentreren op de rampspoed die ons mogelijk staat te wachten, missen we de schoonheid van het leven.

Ik had gedurende mijn leven al vaak potentieel gevaarlijke situaties meegemaakt. Als stewardess werden we erop getraind om op de juiste manier te reageren in gevaarlijke situaties. In de jaren zeventig werkten we bij Lufthansa onder de voortdurende dreiging van een vliegtuigkaping. In 1977 werd die dreiging realiteit door de kaping van vlucht 181 naar Mogadishu. Hoe te handelen bij een kaping was onderdeel van onze opleiding. Later, toen ik tijdens het hoogseizoen op vluchten van de Amerikaanse maatschappij Northwest Airlines als tolk werkte, hadden we regelmatig te maken met dreigingen van een terroristische aanslag.

Ook het leven in de wildernis kan gevaarlijk zijn. Ik zou door een wild dier dat door mij werd verrast verwond of zelfs gedood kunnen worden. Bij een tocht in de bergen kan ik verdwalen of van de rotsen vallen. Ik kan bij min vijfentwintig graden doodvriezen. In Yellowstone zit ik op een slapende supervulkaan die ergens in de komende paar duizend jaar tot uitbarsting zal komen. De gevolgen zouden rampzalig zijn voor het wereldklimaat. Steeds weer werd me aangeraden er niet heen te gaan, omdat het gevaarlijk kon zijn. Maar waar kunnen we tegenwoordig nog wel naartoe? Waar dreigt er geen gevaar door natuurrampen? Tsunami's, vulkanen, aardbevingen, grote branden. Overal kan plotseling oorlog uitbreken. Om nog maar te zwijgen van de onzichtbare gevaren die ons omgeven, zoals we momenteel door het coronavirus ervaren. De wereld is een gevaarlijke plek. Moeten we thuisblijven, zodat ons niets overkomt? Emigreren? Vluchten? En zo ja, waarnaartoe? Er bestaat géén veilige plek op aarde. Willen we daarom maar gewoon doodgaan, of willen we liever genieten van elk moment in de natuur? Ja, de vulkaan onder Yellowstone zal op zekere dag uitbarsten. Morgen of pas over tienduizend jaar. Maar voor het zover is, zal ik van mijn tijd daar genieten.

Liet ik me er door mijn angst van weerhouden ten volle te genieten van mijn leven, dan zat er niets anders op dan thuis op de bank te blijven zitten. Want zelfs in ons zogenaamd veilige Duitsland kunnen we – als we de media moeten geloven – niet meer veilig de deur uit gaan, omdat daar ook wolven en beren op de loer liggen. Alhoewel het veel gevaarlijker is om met de hond door een koeienweide te lopen dan door een bos waar wolven voorkomen.

Ik ben wolven, beren, elanden, slangen en nog veel meer dieren in het wild tegengekomen. Ze probeerden allemaal voor me te vluchten. In de wildernis heb ik zelden echte angst gevoeld – afgezien van die keer dat ik een grizzly van wel heel dichtbij meemaakte, zoals ik zojuist vertelde. 's Nachts in een grote stad ben ik banger. Het gevaarlijkste levende wezen van allemaal is de mens.

Hoe ga ik tegenwoordig om met mijn angst als ik niet in de wildernis ben? Ik respecteer mijn angst, zie hem als een vriend die me bijstaat en me op mogelijk gevaar wijst. Op wandeltochten bereid ik me zo goed mogelijk voor. In gebieden met beren heb ik pepperspray aan mijn riem hangen, maak ik lawaai en ik loop waar ik het snelst kan worden opgemerkt: door het open veld, niet langs de bosrand, waar beren graag zitten. En ik maak zo min mogelijk trektochten in mijn eentje.

'Let op je gevoel,' zei een vrouwelijke ranger ooit eens tegen me. 'Vertrouw op je instinct, je innerlijke stem.' Dat doe ik, en ik let erop of iets 'goed' aanvoelt. Het is een overlevingsinstinct. Hoewel ik zeker weet dat het onmogelijk voor me is om lang te kunnen overleven als ik in een echte noodsituatie terechtkom en alleen op mezelf ben aangewezen. Als ik ergens ver weg in de wildernis werd gedropt, zou ik binnen een maand dood zijn, vermoedelijk gestorven aan ondervoeding, onderkoeling of een infectie. En toch voel ik daar het sterkst dat ik leef.

Om met je angsten te leren omgaan, is er geen betere plek dan in de natuur, waar je het normale ritme van het leven terug kunt vinden.

Een aantal jaren geleden maakte ik met mijn vriend Jack een trektocht door de backcountry van Lamar Valley in Yellowstone. Ik wilde hem wolven laten zien.

Op de berghelling voor ons bewoog iets donkers. Mijn hart sloeg over, maar ik hield mijn mond. Even later had ik een duidelijker beeld: chocoladekleurig lijf, donkere poten, honingkleurige kop en snuit, de onmiskenbare bult.

Jack had hem duidelijk nog niet gezien. Ik stootte hem aan. 'Op tien uur!' zei ik.

Hij keek in die richting.

'Aan de rand van het bos, rechts naast die kegelvormige boom. Hij loopt tussen de bomen heen en weer.'

Jack spotte het dier met een verrekijker, zijn hele lichaam kwam onder spanning te staan, waarna het zich weer ontspande. Hij ademde diep in. 'Een grizzly!' zei hij verrast.

De beer slenterde stroomafwaarts, snuffelde hier en daar. Bij een recht stuk langs de oever stopte hij om geconcentreerd bosbessen te gaan zitten eten. Met zijn kop heen en weer slingerend zoog hij ze van de struiken.

Verderop kwam een aftakking in de rivier met een kiezeloever. Daar, op hooguit tweehonderd meter van de grizzly, stelden we onze kijker op. De wind waaide stroomafwaarts, tussen ons en hem; de kiezelbank liep in het water naar het midden van de rivier toe iets op. De beer kon ons niet ruiken en we zaten veilig verscholen voor zijn blikken.

De grizzly, met zekerheid een van de grootste beren die ik ooit in Yellowstone had gezien, trok zich niets aan van wat er om hem heen gebeurde. Hij trok een plant uit de grond en sjokte naar een andere. Door de verrekijker kon ik zien dat hij zijn snuit aflikte.

Hij had een flinke hangbuik – het was kennelijk een goed voedingsjaar voor hem geweest. Toch was hij van plan om voor de aankomende lange winterslaap nog meer vet te kweken. Ik kon uit de tevreden uitdrukking op zijn gezicht opmaken dat hij van zijn maaltijd genoot.

Ik keek even weg van de beer en liet mijn blik over de rivier glijden, naar het uitgestrekte dal en de bergen die tegen de diepblauwe hemel stonden. Op dat moment was het me duidelijker dan ooit tevoren dat niet alleen de wolven, bizons of beren het doel van mijn werk in Yellowstone waren. Ik had in deze wildernis een thuis gevonden. Het ontzaglijke van het landschap en het majestueuze roofdier voor me benamen me de adem. Een gevoel van eeuwigheid maakte zich van me meester.

We bleven nog een hele tijd naar de grizzly kijken. Toen het begon te schemeren, moesten we afscheid nemen. Het kostte me moeite weg te gaan bij de beer. Hij keek niet naar ons en hoefde ook niet om zich heen te kijken zoals alle andere dieren die wel moeten oppassen voor roofdieren. Bovenaan de voedingsketen was hij groots in al zijn zelfbewustzijn. We gingen verder. Toen ik me nog een laatste keer naar hem omdraaide, zat hij met zijn kop diep in de bosbesstruiken.

Ontmoetingen met beren, wolven en andere wilde dieren in de wildernis zijn een geschenk voor me. Daar hoort ook bij dat ik ervan doordrongen ben dat het me mijn leven kan kosten als ik hun regels niet respecteer. Door het gevaar en de angst waarmee ik altijd weer word geconfronteerd, voel ik me ontzettend levend en zie ik de waarde van het leven. Intense situaties meemaken en het vermogen om die meester te worden zijn voor mij een bevestiging van mijn eigen levenskracht.

LAND VAN DE BIZONS

Hij kwam op een lentemorgen ter wereld en lag uitgeput in het gras terwijl zijn moeder hem ijverig likte om de resten van zijn geboorte van hem te verwijderen. Hij was feloranje, bijna rood. Voor wolven en andere roofdieren had hij net zo goed een knipperende neonreclame midden in de wildernis kunnen zijn, waar heel groot ETEN op stond. Maar de evolutie had op een andere manier voor hem gezorgd. Al een paar minuten na zijn geboorte kon de kleine bizon staan; binnen een uur zou hij rennen. Nat en wankel probeerde hij één, twee keer op te staan, tot hij bij zijn derde poging onzeker op zijn pootjes stond te wiebelen. Daar stond hij, en zijn moeder bleef hem maar schoonlikken, zo zorgzaam en trots als een mensenmoeder die op de eerste schooldag van haar zoon een vochtig washandje over zijn gezicht haalt. Hij dook onder haar, vond de uier, zoog eraan alsof hij nooit iets anders had gedaan, en de warme melk vulde zijn bek.

De natuur deed hem nog een pleziertje door hem gezelschap aan zijn zijde te geven. Alle kalfjes werden na een draagtijd van negen maanden in de warme maanden april en mei geboren. Zover zijn oog reikte was zijn wereld besprenkeld met pasgeboren en jonge kalfjes. Enkele jaarlingen, die op hun wervelkolom al een donkere, bruine baan kregen, sprongen hoog op tussen de paarse lupine en goudkleurige balsemwortel en dansten overmoedig met elkaar. Overal graasden volwassen bizons – zwangere koeien, zogende moeders en hier en daar grote stieren met enorme schouderbulten – een leger van beschermers.

De kleine bizon stond geboeid naar al die levendigheid om

hem heen te kijken, om zich vervolgens wankelend verder tussen het gewoel te begeven. Hij zoog de geuren, beelden en geluiden in zich op. De lucht was gevuld met grommende geluiden van andere moeders, die hun eigenwijze kalfjes riepen. Gefascineerd door zijn eigen beweeglijkheid en zijn omgeving dwaalde hij steeds verder af naar de rand van de kudde. Hij kwam een duizend kilo zware bizonstier tegen, snuffelde aan hem en porde met zijn snuitje tegen hem aan. De stier reageerde majesteitelijk onverschillig. Nog datzelfde ogenblik kwam mamabizon bij haar baby en nam hem mee terug. Opgelucht drukte hij zich knuffelend tegen haar voorpoten, klaar om weer te drinken.

Die middag, de eerste van zijn leven, verdwaalde de kleine bizon – verleid door steeds maar weer nieuwe geuren – nog een keer, toen de grote bruine massa om hem heen zich plotseling omdraaide en langzaam verder trok. Een paar stieren met reusachtige koppen en bergachtige schouderbulten duwden tegen hem aan. Hij kon niet anders dan zich door de enorme stroom laten meesleuren. De lucht was vervuld van gegrom en keelachtig geloei, duizenden hoeven deden het stof opwaaien. Hij probeerde vergeefs het roepen van zijn moeder te horen. Het tempo werd hoger, en algauw trilden zijn poten van vermoeidheid. Hij kon het niet bijhouden. De grotere bizons haalden hem in, duwden hem aan de kant, drongen hem naar de rand en verdreven hem. Hij bleef stilstaan, knipperde met zijn ogen en keek toe terwijl de kudde aan hem voorbijtrok. Ten slotte vouwde hij zijn pootjes op en ging in het hoge gras liggen, terwijl in de verte de achterste bizons – groepen moeders met hun jongen, toen nog een oude stier met een gehavende huid vol littekens van gevechten in het verleden – steeds kleiner werden. Hij sloot zijn ogen, een verschrikt, kwetsbaar oranje hoopje in het dal. Hier ging hij op zijn moeder wachten.

Hij had geen idee van het onheil dat naar hem op weg was.

Ik stond boven hem op mijn favoriete uitzichtpunt bij de Confluence. Daar komen de Lamar River en Soda Butte Creek samen. Mijn positie bood een heel goed uitzicht over het weidse dal en op de kleine bizon, die nu wakker werd, zijn pootjes strekte en verward om zich heen keek. Zijn kudde was weg. Luid roepend om zijn moeder rende hij heen en weer.

Vanaf mijn hoge positie kon ik zien dat er een jonge wolf in zijn eentje kwam aanlopen. Met zijn neus op de grond volgde hij een spoor dat precies in de richting van het bizonjong liep. Ik hield mijn adem in. Toen hief de wolf zijn kop, om vervolgens zijn volle aandacht op het kalfje te richten. Het hummeltje probeerde vergeefs weg te rennen toen het roofdier hem pakte. De wolf was jong en onervaren en zag het allemaal meer als een soort spelletje. Hij probeerde zijn prooi in de keel te bijten, maar het kalfje draaide zich onder hem weg. Zo ging het een tijdje door. Toen ging de wolf liggen, terwijl de kleine bizon met trillende pootjes bleef staan. Mijn hart brak. De tranen schoten in mijn ogen. Zelden had ik zoiets verlorens gezien als dat kleine, eenzame wezentje daar.

Verman je! vermaande ik mezelf. Wolven hebben ook hongerige baby's die op eten zitten te wachten. Zo gaat dat nu eenmaal in de natuur.

Maar alle logische, rationele argumenten konden niet op tegen mijn gevoel en vrees om het jonge dier dat zo vertwijfeld vocht voor zijn leven.

De wolf ging maar halfslachtig door met zijn aanval. Als hij echt had gewild, had hij zijn prooi allang kunnen doden.

En toen gebeurde het: de cavalerie kwam eraan. De bizonmoeder galoppeerde naar haar kind, met in haar kielzog nog twee bizonkoeien; zussen of tantes misschien. Met omlaaggerichte kop renden ze op de wolf af, die het hazenpad koos en een stuk verderop ging liggen. Het hongerige kleintje bleef dicht bij zijn moeder en zoog gulzig. Veel tijd kreeg hij niet, want de roedel van de jonge wolf dook op. Ze sloten de kleine bizonfamilie in, die hun baby in haar midden hield. De vier wolven probeerden meerdere keren moeder en kind van elkaar te scheiden of de bizonkoe af te leiden en het jonkie van achteren te grijpen. Maar de aanvallen van de roofdieren liepen stuk op de ondoordringbare muur van grote bruine lichamen. Bizons beschermen hun jongen door de confrontatie met vijanden aan te gaan en tegen ze te vechten zonder zichzelf te ontzien. Maar in dit geval leken de bizonkoeien zelfs niet de minste reden te zien om zelf in de aanval te gaan tegen de wolven. Ze bleven gewoon staan, rustig, gelaten en zich duidelijk bewust van hun superioriteit en kracht.

Toen de wolven het opgaven, trok ook de bizonfamilie verder. De bizonkoeien zwommen rechts en links van het jong door de rivier, waarbij hun lichamen een soort golfbreker vormden. Daarna staken ze de weg over zonder acht te slaan op de grote hoeveelheid fotografen en filmers die zich daar hadden verzameld – vermoedelijk hoopten ze op een sensationele wolvenjacht. Toen de bizons tegen de heuvel op liepen waarop ik stond, zag ik dat het jong nog maar weinig kracht overhad. Vol respect ging ik voor het groepje aan de kant. Die dieren hadden al genoeg stress gehad. Ik liep een stuk naar beneden om ze erlangs te laten. Toen ze voorbijkwamen, deed ik een gebedje om bescherming voor de dappere baby die zo'n spannende eerste levensdag had gehad.

Die middag raakte ik in gesprek met een ranger. Hij vertelde me over een geval met een tragisch einde. Een paar dagen daarvoor was op diezelfde plaats een bizonkoe gedood door een grizzly. Het pasgeboren jong probeerde nog te drinken bij de dode moeder. Omdat het kadaver te dicht bij de straat lag, moesten de rangers het met een truck wegslepen. De ranger zei dat het kalfje nog een hele tijd had geprobeerd hem te volgen. 'Mijn hart brak zo'n beetje toen ik hem moest achterlaten. Hij kwam steeds maar weer achter me aan. Toen ben ik maar zo hard mogelijk gaan rijden om hem kwijt te raken,' vertelde hij. Gelukkig haken verlaten bizonkalveren in de wildernis aan bij alles wat beweegt en groter is dan zijzelf. Het kalf kon een vervangende moeder vinden in de kudde.

Mocht mijn kleine dappere bizon zijn wolventrauma overwinnen, dan zou hij een sterke stier worden die van zijn moeder had geleerd hoe je overleeft. Zijn genen zouden in de kudde van Yellowstone worden doorgegeven; de genen van nog een dier dat alle weerstand had overwonnen.

Goede, wilde en noodzakelijke genen, want de bizons in Yellowstone vormen al sinds de prehistorie de enige ononderbroken in het wild levende, raszuivere bizonkudde van Amerika. Hun geschiedenis werd bepaald door een ongeëvenaard massale uitroeiing door de mens, een symbool van zinloze natuurvernietiging.

Ongeveer honderdvijftig jaar geleden leefden er zo'n dertig tot zestig miljoen bizons in Amerika. Er zijn zelfs enkele bronnen die het over meer dan honderd miljoen hebben. Het land wemelde ervan. Honderdduizenden, één reusachtig borstelig bruin tapijt, kilometers lang en kilometers breed. Donkere lichamen deinden op en neer als golven als ze begonnen te rennen, wat klonk als het gerommel van onweer. Het leek alsof de bizons niet gewoon over het land liepen, maar of zij het land wáren. Sommige mensen beweerden dat je tien mijl over hun ruggen kon lopen zonder de grond te raken.

Wie nu in het voorjaar door Yellowstone rijdt, krijgt een vaag idee van hoe dat eruit moet hebben gezien. De velden en de berghellingen zijn bezaaid met de enorme bruine graseters. Sommige liggen in het zachte gras en lijken op kale, donkere rotsblokken: bulten zonder bepaalde vorm of gedaante. Enkele dieren staan als wachters aan de rand van de kudde. Sommige grazen, terwijl weer andere geen enkele beweging maken, met hun reusachtige wollige schedel tussen de voorpoten gestoken, die zo dicht bedekt zijn met lange, donkere vacht dat ze bijna volledig eronder schuilgaan. Een vredige aanblik.

Ik ervaar hun beheersing, de rust die van ze uitgaat, altijd als erg heilzaam. Ze zijn zacht en imposant, niet van deze wereld. Een oeroude diersoort, die al miljoenen jaren geleden is ontstaan en over grote delen van de aarde heeft gezworven.

Maar pas op als ze eenmaal losgaan! Als je ze niet kunt zien, hoor je ze al van verre. Ik heb een keer 's winters in Yellowstone een stampede van bizons meegemaakt. Eerst dacht ik dat het een sneeuwstorm was toen ik in de verte dichte witte wolken zag – het was opstuivende sneeuw. Vervolgens hoorde ik een diep gedonder, het razen van de hoeven. De grond beefde helemaal toen de dieren als één grote massa met de snelheid van renpaarden langs ons heen stoven. De paar toeristen die er waren stonden met open mond naar het spektakel te kijken. Ik krijg nog kippenvel als ik eraan terugdenk.

Altijd als er in Yellowstone een levend wezen in de buurt van de weg opduikt – vooral als het behaarder en groter is dan een mens – ontstaat er zo'n lange file dat je er wanhopig van wordt. Als er een stuk of twintig, dertig van deze grote grazers vlak naast elkaar langs een weg lopen, omdat dat nu eenmaal gemakkelijker is dan dwars door het veld met hoge woestijnalsemstruiken, staat de hele boel vast. Er zit dan niets anders op dan je geduld te bewaren en de bizons hun gang te laten gaan. Want als je ongeduldig wordt, gaat dringen of claxonneren, is het heel goed mogelijk dat zo'n reus zich bedreigd voelt en de blikken vijand aanvalt. Ik mocht er een keer getuige van zijn hoe een bizonstier de auto van een of andere lomperik ramde, waarna de airbags werden opgeblazen. Je zoekt gewoon geen ruzie met een bizon.

Als ik in zo'n beestachtige file terechtkom, zet ik liever de motor af. Ik doe het raampje open en wacht rustig af tot de kudde voorbijgetrokken is. Het enige wat je hoort is het zachte klakken van de verbazingwekkend kleine hoefjes op de grond, af en toe wat gesnuif en een diep gegrom. Als de kop van een bizonstier opduikt bij mijn zijspiegel, hoef ik maar mijn hand uit te steken om hem aan te kunnen raken. Het is verleidelijk. Die perfecte kop, de donkere vacht die als een vol hangkleed zijn voorpoten bedekt, de dichte cape die vanaf zijn kop over schouderbult en schouders valt en waarop het zonlicht een rode glans verspreidt. De dikke vacht op de kop, baard en voorpoten is bijna zwart, alsof er een bergje aarde is uitgegraven waarvan een dier is gemaakt.

Iemand heeft ooit eens gezegd dat een volwassen bizon eruitziet alsof hij samengesteld is uit delen van andere dieren: de bult van een kameel, het gebogen profiel van een pitbull, de ribben van een olifant, de slanke romp en achterpoten van een leeuw.

Wanneer ik zie hoe andere toeristen met de dierenwereld omgaan, kan ik soms woedend worden. Het maakt niet uit hoe vaak de mensen voor gevaar worden gewaarschuwd, ze hebben de neiging om risico's te nemen – voor een foto! Iemand met een kleine snapshotcamera gaat dicht bij een kudde gigantisch grote bizons staan, blijkbaar zonder te beseffen dat deze dieren van het ene op het andere moment sneller kunnen rennen dan een renpaard. Dat boeit niet. Die persoon loopt er nog verder naartoe, dan nog een stukje dichterbij om te proberen de bizon groot in beeld te krijgen.

Wanneer je een bizon in al zijn grootsheid stoïcijns ziet grazen, zou je nooit vermoeden hoe snel en beweeglijk hij kan worden. Hij kan een renpaard inhalen en vijfenzestig kilometer per uur lopen. Nog indrukwekkender is dat hij vanuit stilstand een meter in de lucht kan springen.

Bizons lijken misschien wel sloom of zelfs lui, maar kunnen onverwacht besluiten dat degene die ze op de zenuwen werkt met hun horens doorboord moet worden. In Yellowstone worden vaak mensen door deze bruine reuzen verwond en soms zelfs gedood.

Wie dicht bij een bizon wil komen, raad ik aan vooral goed op de stand van zijn staart te letten. Staat die helemaal rechtop, dan staat hij op het punt aan te vallen. En één ding weten die zachte graseters altijd heel precies, namelijk waar de punten van hun horens zitten. Die zetten ze nooit onbezonnen in.

Overigens is zo'n bizon uitzonderlijk lenig. Er is niet één plekje op zijn hele lichaam waar hij met zijn lange tong of achterpoten niet bij kan. Hij krabt zichzelf op zijn schouders met zijn horens, op zijn gezicht met zijn achterhoeven, die hij ook als dodelijk wapen kan gebruiken.

In het wild levende bizons staan bekend om hun speelsheid, die al te zien is aan de neiging van mannelijke kalfjes om met volwassenen te gaan vechten, hoewel die twintig keer zo groot zijn. Er zijn volwassen bizons gezien die op dichtgevroren rivieren aan het schaatsen waren of die voetbalden met ballen hooi. Ik heb een groepje oudere bizons gezien die van een steile oever in een beek sprongen en weer terugzwommen naar de kant, waar ze eruit klommen om opnieuw in het water te springen. Op de kant huppelden ze rond, draaiden ze pirouettes en hadden ze duidelijk de lol van hun leven. Ik moet nog steeds lachen als ik terugdenk aan de 'gratie' van een ballerina die meer dan een ton weegt.

Doordat de Europese kolonisten in de negentiende eeuw naar het Westen kwamen, veranderde het evenwicht in het ecosysteem. Het Amerikaanse leger voerde aan het eind van die eeuw een veldtocht met als doel de bizons te elimineren om zo de oorspronkelijke volkeren onder controle te krijgen, die van deze dieren afhankelijk waren.

De wreedheid waarmee de jagers te werk gingen, is op oude foto's vastgelegd. Die was onbeschrijflijk en van een onvoorstelbare omvang. Een foto uit 1880 schokt me steeds weer als ik hem zie. Hierop is een vijftien meter hoge berg van bizonschedels te zien, die voor de mestproductie moest dienen. Er staat een man onderaan de berg, met één voet op een schedel. Een andere man staat boven op de berg in dezelfde houding. Ze zien er klein en armetierig uit in verhouding tot die enorme berg schedels. Mannelijk machtsvertoon, dat een lachwekkende indruk op me maakt als je het vergelijkt met de veel machtigere natuur.

Op andere foto's is te zien dat de dieren vanuit een treinwagon worden afgeschoten. De Kansas Pacific is de spoorlijn waar ooit Buffalo Bill voor werkte, door voor de aanvoer van vlees voor de spoorwerkers te zorgen. Maar hij schoot op de bizons vanaf de rug van zijn paard. Als je het daarmee vergelijkt, is het wel heel gemakkelijk om die dieren vanuit een rijdende trein te doden. Er zijn dan geen bijzondere vaardigheden nodig om die zachte reuzen af te schieten. Het is alsof je op koeien schiet. Er valt niets te bewonderen aan een foto van een prairie die bezaaid is met dode bizons die vanuit een trein zijn afgeknald.

Toen de massaslachtingen aan het begin van de twintigste eeuw eindelijk ophielden, waren er van de miljoenen bizons nog maar drieëntwintigduizend over. In een van de eerste pogingen een wilde diersoort te beschermen, zetten de managers van Yellowstone zich in om de bizonpopulatie te redden. In 1902 kochten ze eenentwintig bizons uit privébezit, die ze naar de historische Lamar Buffalo Ranch brachten. Deze dieren begonnen zich te mengen met de vrij rondlopende bizonpopulatie in het park. In 1954 was het aantal gestegen tot ongeveer dertienhonderd dieren. Nu lopen er weer vier- tot vijfduizend bizons rond door het nationale park. Dit is om en nabij het maximale aantal dat het park ecologisch aankan. Om dit evenwicht te bewaren, worden elk jaar de 'overtallige' dieren samengedreven en gedood. Hun vlees wordt naar de inheemse stammen verstuurd.

Een betere optie zou zijn om de grote grazers te verhuizen, maar er is iets wat dat in de weg staat: ranchers beklagen zich er al heel lang over dat de bizons brucellose verspreiden, een ziekte die onder rundvee tot gevolg heeft dat jongen dood geboren worden. Overdracht vindt plaats als een ander dier of een mens met geïnfecteerd geboortemateriaal in contact komt.

Brucellose is een probleem voor rundveehouders, want als bij een rund deze ziekte wordt vastgesteld, moet volgens de voorschriften de hele kudde worden geslacht. Dat kan voor de veehouder grote financiële schade tot gevolg hebben. Daarom is de vrees voor die ziekte zo groot. Er bestaat inmiddels een vaccin tegen brucellose voor zowel runderen als bizons.

In 2017 bleek echter uit een onderzoek van de National Academy of Science, Engineering and Medicine[9] dat in de voorafgaande twintig jaar alle gevallen van brucellose onder runderen in Yellowstone en omgeving niet veroorzaakt waren door bizons, maar door geïnfecteerde herten. Dat weerlegt de eisen van de ranchers dat wilde bizons het park niet mogen verlaten.

De Park Service hoopt de oplossing gevonden te hebben. Parkrangers moeten de dieren die in het voorjaar op hun natuurlijke trektocht het park verlaten, terugdrijven of vangen. Vervolgens brengen ze die naar omheinde gebieden in het achterland, waar ze op brucellose worden getest, om ze ten slotte naar diverse indianenreservaten in Montana te transporteren. Zo willen ze twee vliegen in één klap slaan: er worden wilde bizons teruggebracht naar de prairiegebieden en de oorspronkelijke inwoners worden voorzien van voedsel en alle andere dingen die ze van de bizon kunnen gebruiken. Een groot deel van de dieren wordt echter ook afgevoerd naar het slachthuis.

Het vangen is iets afgrijselijks voor de vreedzame grazers, die al sinds een eeuwigheid alleen maar vrijheid kennen. Gewonde bizons, drachtige koeien en pasgeboren kalveren worden door helikopters en ruiters opgejaagd tot ze volledig uitgeput of dood zijn. In gevangenschap verwonden veel bizons zichzelf zwaar bij hun pogingen om te ontsnappen. Er wordt niet zachtzinnig omgegaan met de vertwijfelde, enorm zware dieren.

Naast deze acties van overheidswege bestaat nog steeds de jaarlijkse bizonjacht in de winter (van half november tot half februari) langs de grenzen van Yellowstone. Iedereen, zowel inheemse als jagers die van buiten komen, kan een jachtlicentie kopen.

Wat ik tijdens zo'n jacht moest meemaken, zal ik nooit vergeten. Toen ik vier jaar geleden besloot mijn wolvenonderzoek op te geven om voor mijn oude hond te zorgen, wist ik dat dat voorlopig mijn laatste rit van Yellowstone naar Bozeman zou zijn. Ik wilde van elk mij nog resterend moment kunnen genieten. De weg liep via de noordelijke toegang door Gardiner. Al van verre zag ik een groot aantal pick-ups en trucks op het veld geparkeerd staan. Er stonden mannen en (enkele) vrouwen met een geweer bij. Te midden van hen stonden bizons vredig te grazen. Ze negeerden alle drukte om zich heen, niet vermoedend dat die hun dood aankondigde. Toen zag ik dat de jagers hun geweren afvuurden op de bizons. Ze stonden op een paar meter afstand van de dieren. Die keken hen rustig aan en vielen om – meestal. Eén jongen, een tiener, was een slechte schutter. Er wordt gezegd dat een normale kogel doorgaans niet door de schedel van een bizon kan dringen. Om het dier direct te doden, moet het precies in het hart worden geraakt. De jongen schoot enkele keren, de bizon leverde een doodsstrijd van bijna een kwartier, tot uiteindelijk een van de andere jagers hem uit zijn lijden verloste. Ik wilde vluchten, wegrijden, snel en ver daarvandaan. Toch lukte het me niet om me los te maken van de gruwelijke magie van het kwaad, ik bleef daar maar zitten in mijn auto, met de verrekijker tegen mijn ogen alsof die vastgevroren zat.

'Aanschouw het,' zei mijn innerlijke stem. 'Dat ben je de bizons verschuldigd.' Ik wilde de stervende dieren respect betuigen. Er waren een paar indianen onder de jagers en naïef genoeg ging ik ervan uit dat die de bizons ook op een of andere manier zouden eren. Fout gedacht. Twee van hen dansten met een flesje bier in hun hand op een kadaver. Toen kwam het moment waarop mijn hart brak. Iemand zaagde met een kettingzaag de kop van de grootste bizonstier eraf, bond een touw om de horens en trok een bloedig spoor in de sneeuw door met een quad een rondje te maken. Ik stortte helemaal in, zat in mijn auto te schreeuwen en huilen, te trillen over mijn hele lichaam. Vol gas ging ik ervandoor. Wegwezen, gewoon wegwezen daar! Het duurde lang voordat ik weer kalmeerde. Nu nog is mijn afscheid van Yellowstone ook verbonden met deze laatste beelden. Met de pijn en hulpeloosheid die ik voelde bij de aanblik van die gruwelijkheden.

'Wat wil je nou, die bizons hadden toch een goed leven,' zo reageren vrienden weleens als ik hierover vertel. 'Kijk naar de bio-industrie, de dierentransporten en de slachthuizen bij ons. Dan weet je pas wat echt dierenleed is.'

Zeker, ze hebben gelijk. Maar het ene leed maakt het andere niet minder erg. Het is toch zeker geen heldendaad om op zo'n vredig grazende kolos te schieten. Ik heb er geen probleem mee als iemand een dier doodschiet om het op te eten. Maar we moeten wel zoveel respect hebben dat we een levend wezen in zijn waarde laten, ook een dode bizon.

Bizons hebben zich perfect aangepast aan hun leefomgeving, anders dan onze huiskoeien, die op langere termijn niet zouden kunnen overleven op het grasland van de Great Plains. Daarmee vergeleken zijn volwassen bizonkoeien met weinig tevreden en heel zelfstandig. Ze sterven zelden tijdens een geboorte en laten nog minder vaak hun jong in de steek.

Bizons kunnen twee keer zo lang zonder water dan koeien, en een waterbron ruiken ze al op mijlen afstand. In de winter eten ze sneeuw, wat runderen niet kunnen. Ze eten een derde deel minder gras dan hun gedomesticeerde verwanten, die een land dood kunnen grazen en voor de droge prairies bijzonder schadelijk zijn.

In de winter houden de bizons in Yellowstone zich graag op in de buurt van de warmwaterbronnen. Ze gaan liggen op plekken waar de grond warm is en laten zich insneeuwen. Opstijgende damp laat hun lichaam in de kou veranderen in kleine ijsbergjes, waar alleen nog de donkere horens uitsteken.

Wind, water of kou dringen niet door de dikke vacht van een

bizon heen. Hun haar houdt zoveel warmte vast dat je op een zonnige winterdag je vinger nauwelijks in hun pels kunt houden, omdat het zo warm is. En terwijl runderen zich bij heel slecht weer terugtrekken naar een beschutte plek, overleven bizons door de storm te trotseren, soms zelfs door die tegemoet te gaan.

Bij een dichte laag sneeuw gebruiken bizons hun koppen en massieve nekspieren, maar ook hun baard, om de sneeuw aan de kant te schuiven om bij het gras te kunnen komen, dat een koe nooit meer zou kunnen vinden.

In tegenstelling tot runderen grazen bizons dicht opeen in rondtrekkende kuddes, eten het gras op tot de bodem en trekken dan weer verder. Zo geven ze de weidevlakten tot twee jaar rust voordat ze terugkomen. In het voorjaar rollen ze door de aarde om een stofbad te nemen en hun territorium te markeren. Bij deze zogenaamde *wallows* verspreiden ze graszaden die in de voorgaande herfst in hun pels zijn blijven zitten, waardoor de grond opnieuw wordt beplant.

Bij warm weer zijn bizons uiterst efficiënte verteerders van ruwvoedergewassen, echte maaimachines en daarnaast een ecologisch wonder. Langs hun trekpaden wordt het samenspel van natuur en graseters duidelijk: in de hoefafdrukken van de bizons blijft bij regen water staan, dat samen met de uitwerpselen langzaam in de bodem sijpelt en zo voor bemesting van de bodem zorgt.

Bizons voeden zich hoofdzakelijk met buffelgras.[10] Dit korte gras heeft zich perfect aangepast aan de droogte en bevat een hoog gehalte aan proteïnen en voedingsstoffen. Runderen moeten naar een sappige weide worden gedreven om te kunnen grazen, terwijl bizons voor de prairie zijn gemaakt. En de prairie voor hen.

Inmiddels is in Noord-Amerika een groot aantal kuddes in particuliere handen. Er is een nieuwe, lucratieve markt ontdekt: bizonvlees, dat voor bijzonder gezond, eiwitrijk en caloriearm doorgaat. Bovendien smaakt het vlees van wilde bizons door hun voedsel aanmerkelijk beter dan rundvlees. Daarom proberen sommige ranchers *beefalos* te fokken: een mengvorm van rund en bizon.

In 2016 werd de bizon officieel tot 'het nationale dier van Amerika' uitgeroepen (naast de witkopzeearend) en kreeg het dier eindelijk de erkenning die het verdient.

De indrukwekkend kalme grazers met hun fascinerende geschiedenis en unieke verschijning stellen ons voor complexe uitdagingen. Ze zijn een symbool voor het ongetemde Westen. Ze stonden op de rand van uitsterven, waarmee ze getuigden van het egocentrisme van de 'geciviliseerde' mens. Hun wederopstanding laat zien dat bescherming van wilde dieren kan werken en dat er hoop is voor de redding van onze planeet.

Nazomer in Yellowstone. De bizons leken rustig, hoewel de twee wolven elke beweging van de dieren volgden. Een paar lagen er te herkauwen, enkele waren aan het eten, maar de meeste bizons stonden gewoon maar een beetje te staan. Een jonge stier hield zijn blik op de loerende wolven gericht. Zes kalveren lagen goed beschermd in het midden van de kudde. Er woei een licht briesje, waardoor er rimpels op het water in het ondiepe meertje stonden en de blaadjes in de bomen ritselden. Er lag vrede en rust over de zevenentwintig bizons, de twee wolven en de groene rietgrasweide, de espen en het met riet begroeide meer.

De bizonfamilie werd aangevoerd door een donkergekleurde koe met één kromme hoorn en een lange baard.

Ik stelde mijn verrekijker op een afstand van ongeveer honderd meter aan de kant van de weg op en wachtte. Er zou iets gaan gebeuren.

Een van de wolven stond op, rekte zich uit en gaapte. Hij keek naar de bizons en sjokte toen met zijn neus op de grond in de richting van het espenbosje. De andere wolf, die lichter was, bleef nog even liggen, stond toen ook op en liep langzaam naar het bos. De grote grazers leken er geen aandacht aan te schenken.

Er verstreek een tijdje. Toen werd de leidinggevende koe plotseling onrustig. Ze keek om zich heen en proefde de wind. Met hun goed ontwikkelde reukzin en gehoor kunnen bizons al op een afstand van een dikke anderhalve kilometer een mens of roofdier ruiken of horen. De kudde stond op, nu heel erg op zijn hoede, een compacte massa.

Toen begon de leidinggevende koe te lopen. Ze rende er met snelle passen vandoor, en de andere bizons kwamen in een lange rij achter haar aan. Binnen een minuut was de hele kudde in beweging. Toen pas bemerkte ik aan het eind van de rij een strompelende bizonkoe met haar kalf. De wolven moesten ergens de kudde hebben aangevallen. Ik stelde mijn kijker anders in en zag de lichtgekleurde wolf. Hij verschool zich aan de rand van het bos, met zijn blik op de strompelende bizon gericht. Zo bleef hij liggen tot de laatste bizon in het bos was verdwenen. Toen rende hij naar voren en besnuffelde de grond waar de bizons hadden gelegen. Ten slotte liep hij in tegenovergestelde richting weg en wierp nog een laatste blik achterom naar de gemiste buit.

Ik klom een heuvel op, vanwaar ik een beter uitzicht naar alle kanten had. In de verte zag ik wijdverspreide donkere punten: een kudde bizonstieren. Daar recht tegenover aan de andere kant van de rivier stond ook een groep bizons. Een paar stieren stonden aan de rand van het bos. Er was geen koe te bekennen.

Plotseling kwam 'mijn' kleine kudde uit het bos opduiken en de prairie op gelopen. De bizons liepen hard en waren duidelijk zenuwachtig.

Er dook een zwarte beer op van achter een heuvel, die op ze af slenterde. De leidinggevende koe bleef staan, hief haar kop en staarde de beer aan. De andere dieren bleven achter haar staan. Langzaam gingen de bizonstaarten overeind staan. De tijd stond stil.

Toen vielen ze aan. De beer ging er onmiddellijk vandoor in de richting van het bos. De bizons begonnen hem, dicht aaneen, in te halen. De beer bereikte met grote passen het bos, bleef staan, keek achterom naar de naderende massa en zocht dekking. De bizons gingen langzamer lopen en bleven toen staan. De leidinggevende koe ging weer in de oorspronkelijke richting verder, met de kudde in een rij achter haar aan.

Het leek alsof er een knopje was omgezet, van volkomen waakzaamheid en een doelgerichte aanval naar ontspannen beheerstheid zodra het gevaar geweken was. Kon ik dat ook maar! Doen wat nodig is en dan je dagelijkse leven weer oppakken.

Toen ik later over een veldweggetje naar mijn blokhut reed, versperde een bizonstier me de weg. Hij stond zonder zich te bewegen midden op de weg, met zijn kop naar beneden. Langzaam naderde ik hem. Hij dronk water uit een plas en was daar helemaal op geconcentreerd. Hoewel hij de auto moest hebben opgemerkt, bewoog hij noch zijn ogen, noch zijn kop, of wat dan ook. Hij negeerde me volkomen. Voor hem was ik als de bomen, de wegen en de borden. Iemand die net kwam kijken aan het einde van een tijdperk van duizenden jaren. Hij keek niet op toen ik vlak langs hem heen reed. Je reinste beheerstheid. Ik was dankbaar voor dit moment van onbeduidendheid, van volkomen genegeerd worden door een wild dier.

Wie verwacht bij mij thuis overal foto's van wolven aan te treffen, moet ik teleurstellen: het zijn overwegend foto's van bizons. Foto's van grote buffelkuddes die over de prairie trekken, van een groep jonge dieren die zich door een sneeuwstorm laat insneeuwen en van een enorme stier, de kop en baard bedekt met ijs. Mijn favoriete foto is van Dan Hartman, een fotograaf uit Yellowstone. Een bizonstier staat in het riviertje Warm Creek, met om hem heen muren van sneeuw die hoger zijn dan zijn rug. Het lijkt of de bizon in de smalle spleet is gevallen en is blijven steken. Zijn machtige schedel, voorhoofd en neus zijn bedekt met klonten sneeuw. Een dier dat gedoemd is tot de ondergang? Welnee! De bizon heeft alleen maar de route over het veld gemeden, waar de sneeuwlaag ongeveer twee meter hoog was. In plaats daarvan koos hij ervoor om zich door die smalle watergang te worstelen, wat waarschijnlijk minder moeite kostte.

Als ik op een gegeven moment het gevoel heb ergens te zijn blijven steken, niet meer verder te komen, als het me allemaal even te veel wordt, kijk ik naar die foto en weet ik dat er altijd een uitweg is. Soms moet je je gewoon door alle moeilijkheden heen slaan om vooruit te komen, waarna het weer beter gaat.

Aan het einde van een hectische wolvendag met veel gedoe bij de wolven zet ik graag mijn auto even stil naast een kudde bizons om naar ze te kijken. Die laten zich niet uit hun evenwicht brengen. Als ik me in hun bedaardheid 'onderdompel', word ik zelf ook kalm. Gestreste managers zouden door hun dokter 'bizons kijken' voorgeschreven moeten krijgen. Of ze zouden de bedaardheid van de bruine kolossen in kleine flesjes moeten stoppen en verkopen als medicijn.

Deze kalmte van bizons is voor mij een geschenk. Hun rust, volhardendheid, moed, het negeren van dingen die er niet toe doen om te overleven, hun kracht en sterkte in combinatie met zachtmoedigheid en onvoorwaardelijke loyaliteit tegenover een zwakkere: door dit allemaal zijn deze reuzen een lichtend voorbeeld voor mij.

MIJN LIEVELINGEN, DE COYOTES

'Ik hoop dat jullie veel coyotes afmaken.' De jachtopziener sprak het woord 'coyote' uit op die langgerekte manier zoals alleen de mensen uit het westen van de VS dat kunnen. 'Het kan me niet schelen hoe jullie ze om zeep brengen. Voor mijn part jaag je ze de lucht in met dynamiet, rij je ze overhoop of gebruik je ze als voetbal.'

De meer dan honderd aanwezigen in de jachtlodge van Circle G Shooting Park ten zuiden van Gillette, Wyoming, barstten in lachen uit. Het was de avond van 4 december, enkele minuten voordat de jaarlijkse coyote-jachtwedstrijd van Campbell County van start ging. De deelnemers zaten schouder aan schouder aan lange tafels en aten steak met pofaardappel. Op twee vrouwen na waren er alleen maar mannen. De meesten droegen van top tot teen camouflagekleding. Aan de muur hing een poster met een cartoontekening van Wile E. Coyote.[11]

De jachtopziener liep nog een keer de wedstrijdregels door: het tweepersoonsteam dat in de komende veertig uur de meeste coyotes doodde was de winnaar. Er stond een prijzengeld te wachten van een dikke tweehonderd dollar.

Toen de maaltijd was beëindigd, stormden de deelnemers naar buiten om in hun pick-ups te klimmen, waarmee ze naar het achterland van Campbell County reden. Aan het eind van de jacht hadden honderdzesenveertig jagers honderdeenennegentig dieren gedood. De kadavers werden opgestapeld of opgehangen, gefotografeerd en daarna vernietigd.

Alleen door je zo'n wedstrijd voor te stellen word je als dierenliefhebbend mens al misselijk. Het goede nieuws is dat deze vorm van massaslachting in steeds meer Amerikaanse staten verboden is. Toch was het juist de Amerikaanse regering die jarenlang met een ongekende vernietigingscampagne probeerde de coyotepopulatie uit te roeien. De oorlog tegen het kleine roofdier begon aan het begin van de twintigste eeuw door de machtige lobby van de schapenfokkers, die van de gehate opponent af wilde. Volgens de schattingen heeft de nationale Wildlife Service ongeveer twintig miljoen coyotes vernietigd. Maar niet alleen de regering maakt ze af. Particulieren, verenigingen en andere organisaties doden naar schatting ook nog eens vierhonderdduizend coyotes per jaar.[12]

Bovenaan de gruwellijst van de populairste manieren om ze te doden staat *aerial gunning*, de jacht vanuit de lucht, gevolgd door met strychnine vergiftigd aas en stalen pootklemmen met lussen van ijzerdraad. Populair is ook het zogenaamde *denning*, waarbij een coyote samen met haar welpen in hun hol worden vergast of verbrand.

Bij zulke aantallen was elke andere diersoort allang uitgeroeid of op een beschermde lijst terechtgekomen. De coyote niet. Als perfecte opportunist, gewiekst, slim en enorm flexibel, behoort hij tot de weinige diersoorten waarmee het ondanks massale vervolging en groot opgezette vernietigingscampagnes vandaag de dag beter gaat dan ooit tevoren. De prairiewolf – of de hond van God, zoals hij ook wel wordt genoemd – is een meester in veerkracht, het vermogen moeilijke levenssituaties te doorstaan zonder blijvende nadelige gevolgen.

Ik ben een enthousiaste fan van de coyote en voel me er altijd nauwer mee verwant dan met zijn grote neef, de wolf. Daar is hij dan: mijn coming-out. De 'wolvenvrouw' is diep vanbinnen een 'coyotevrouw'.

De eerste keer dat ik nader kennismaakte met deze kleine hondachtige was toen ik tussen 1986 en 1989 enkele winters in Santa Fe, New Mexico woonde. Daar was ik naartoe verhuisd omdat over die plaats werd beweerd dat er een speciale creativiteit werd opgeroepen door de lage luchtdruk als gevolg van de ligging op een hoogte van zestienhonderd meter en de kwartskristallen in de bodem. Er woonde een groot aantal schilders en schrijvers. Ik woonde aan de rand van de stad in een klein, sober ingericht adobehuis van lemen baksteen. Het terras liep zonder omheining direct over in het schrale landschap van woestijnalsemstruiken.

De winters in de bergen van New Mexico zijn bar koud. Ik stak dan vroeg in de ochtend de kachel aan, zette een kop koffie en ging bij het van vloer tot plafond doorlopende raam van de zonsopkomst staan genieten.

Toen ontdekte ik op een zekere ochtend een coyote. Zijn vacht glansde van de zon. Ik had hem 's nachts al wel horen huilen, maar ik had hem nog nooit gezien. Gekleed in zijn schitterende winterpels straalde hij leven en energie uit. Hij stond tussen de alsemstruiken op slechts een paar meter afstand van mijn terras. Omdat ik binnen was en niet bewoog, merkte hij me niet op en had ik een uitgelezen kans om te kijken hoe het kleine mannetje op muizen jaagde.

Zoals een hond zijn aandacht kan richten op een piepbeestje, keek de coyote gefascineerd naar een bepaalde plek op de grond, waarbij hij zijn kop scheef hield, nu eens de ene, dan weer de andere kant op. Opeens leunde hij voorover en verstarde. Hij had zijn prooi in het vizier en kon elk moment toeslaan – plots en behendig, niet te vroeg, niet te laat, maar precies op het goede moment. Hij kon wachten, hoe lang het ook maar moest duren. Ik keek op mijn horloge. Vijfenhalve minuut stond hij als een standbeeld. Hij had zijn zenuwstelsel perfect onder controle.

Toen lanceerde hij zichzelf. In de lucht klapte hij dubbel als een zakmes, alle vier zijn poten kwamen met een nauwkeurige muizensprong weer op de grond terecht – en hadden daar zijn slachtoffer vastgenageld. Zonder te kauwen slikte hij het muizenhapje door.

Toen hij daarmee klaar was, controleerde de coyote de huizen van de buren en at de bakjes kattenvoer leeg. Als er ergens iets bewoog, trok hij zijn staart in en verstopte zich bliksemsnel achter een bosje. Ik was gefascineerd door de intelligentie en voorzichtigheid van het dier en bewonderde zijn schoonheid en de elegantie waarmee hij zich bewoog.

Ik zat een keer in een warme deken gehuld buiten op het terras toen de coyote – met zijn neus op de grond verdiept in een geurspoor – op me afkwam. Hij botste bijna tegen me op. Toen hij me in de gaten kreeg, verstarde hij. Hij legde zijn kop scheef en uiteindelijk kwalificeerde hij me waarschijnlijk als 'niet gevaarlijk' en 'niet eetbaar'. Toen liep hij door, steeds met een korte blik opzij naar mij, maar ik verroerde geen vin.

Het jaar daarop was hij niet meer alleen, maar met een vrouwtje op pad. De buren tolereerden de coyotes, sommigen zetten katten- of hondenvoer voor ze op het terras.

In de derde winter was Santa Fe veranderd. De kleine kunstenaarskolonie bij de drieduizend meter hoge bergketen Sangre de Cristo trok steeds meer mensen aan. Mijn huisje was vervangen door een appartementencomplex. En de coyotes? Die waren de oprukkende civilisatie niet ontvlucht of zoiets, maar maakten nu intensief gebruik van de eenvoudig te bereiken voedselbronnen. Ze wroetten in het huisafval en aten ook weleens een dikke huiskat op. Daarbij hielden ze altijd alles heel goed in de gaten. Zodra er mensen opdoken, verdwenen ze als geesten.

In Santa Fe kom je overal coyotes tegen. Niet alleen als heimelijke gelukzoeker in de voorsteden, maar ook als naamgever voor cafés, restaurants en straten, of als gewilde kunstobjecten – meestal weergegeven met hun huilende kop in de lucht en een doek om hun nek. De toeristen zijn dol op ze en zij zijn dol op de toeristen, omdat die altijd maar weer zwichten voor hun overtuigende bedelende blik en een sandwich tevoorschijn halen.

Op mijn reizen door Noord-Amerika keek ik altijd uit naar 'mijn' coyotes. En ik vond ze – in de VS, in Canada en Alaska. Nu eens waren ze schuw en voorzichtig, op de plekken waar op ze werd gejaagd, dan weer hingen ze ronduit de poseur uit – onbeschroomd en brutaal in nationale parken zoals Yellowstone. Daar hebben ze zich helemaal aan het leven met toeristen aangepast, zoals wel blijkt uit de volgende ontmoeting.

Bij een van mijn wolvenreizen reed ik op een vroege ochtend met vier gasten door Lamar Valley, toen er vlak voor onze neus opeens een coyote uit een greppel de straat op sprong en rustig bleef staan toen ik de auto abrupt tot stilstand bracht. De kleine hondachtige keek me aan. Elke en Klaus riepen opgewonden: 'Een wolf!'

De 'wolf' liep langzaam om onze auto heen en bleef aan de bestuurderskant staan.

'Dat is een coyote,' legde ik uit. 'Zie je de grote oren, spitse snuit en lange, borstelige staart? Hopelijk komen we later nog een wolf tegen, dan kunnen jullie het verschil in grootte zien.'

'Wat een lieverdje,' zei Janet verrukt.

Ik deed het raampje open, waarop de coyote ons met grote smekende ogen aankeek. We hadden allemaal een hond en kenden deze blik.

'Ach, dat arme dier heeft honger,' zei Karin, die achterin zat. 'Ik heb nog een koekje. Zal ik...'

'Waag het eens!' zei ik dreigend. 'Op de eerste plaats is het hier streng verboden om wilde dieren te voeren. En bovendien is de coyote niet geholpen als hij een koekje van je krijgt. Hij zal er snel aan gewend raken dat mensen voedsel betekenen, en dan leeft hij niet lang meer. Of hij komt onder een auto, of hij wordt als bedelend "probleemdier" afgemaakt door de rangers.'

Ik joeg de straatrover weg – zonder eten. Blijkbaar had hij met deze tactiek al vaker succes gehad bij de toeristen in Yellowstone Park. Helaas!

Later zag ik hem nog een keer terug. Hij zat met zijn kompanen van een dood hert te eten. Zo zijn ze nu eenmaal, de coyotes.

Wat hun voedsel betreft zijn ze echte opportunisten en zowel roofdier als aaseter. Er wordt altijd gezegd dat hun favoriete voedsel alles is wat ze maar kunnen eten – ze hoeven het niet te kunnen verteren. Er zijn in magen van coyotes al riemgespen, leren schoenen en stukken autoband aangetroffen. Er is niets wat ze niet lusten.

Farmers in Californië weten te vertellen over coyotes die zich tegoed doen aan hun oogst door appels, peren, perziken, maïs of uien te stelen. In de nazomer eten ze sprinkhanen, kevers en larven. In rotsachtige gebieden springen coyotes met hun voorpoten op stenen of tussen de gevallen bladeren om zo op slangen en hagedissen te jagen. In vochtige gebieden staan kikkers, vissen en waterdieren op hun menu. Kleine zoogdieren zoals stinkdieren, opossums, otters, maar ook huiskatten en kleine honden weten ze verbazingwekkend efficiënt te vangen. Onder gunstige omstandigheden weten ze zelfs een volwassen ree of een klein hert te doden.

Coyotes die aan het jagen zijn lijken op menselijke pokerspelers. Ze observeren hun potentiële slachtoffer heel nauwkeurig, nemen elke beweging in zich op, zoekend naar een teken van zwakte, terwijl ze een aanvalsplan maken en hun kansen afwegen. Pas als alles klopt, wagen ze een aanval.

Een voorbeeld van hun buitengewone jachttechniek en hoe slim deze kleine hondachtigen zijn, mocht ik een keer meemaken toen ik aan de oever van Yellowstone Lake een groepje pelikanen zag vissen. Twee coyotes – de ene was volwassen, de andere kleiner, vermoedelijk een wijfje met haar jong – slopen naderbij en verstopten zich achter een rots in het gras langs de oever. Ze konden de vogels niet ongezien naderen. Het grote wijfje stak haar staart in de lucht en bewoog hem langzaam heen en weer. De pelikanen waren duidelijk nieuwsgierig. Ze waadden behoedzaam en steeds weer even afwachtend naar de oever, maar durfden niet uit het water te komen. Na een tijdje gewacht te hebben, stormde het volwassen roofdier vanuit hun schuilplek het strand op. De vogels waren bij deze verrassingsaanval veilig – en dat wisten ze ook.

De jonge coyote bleef op hun verstopplaats zitten. Nadat de vrouwtjescoyote een tijdje naar de pelikanen had staan kijken, rende ze over het strand, speelde met drijfhout en joeg achter haar eigen staart aan. Ze deed alsof de vogels niet bestonden. Toen rende ze ervandoor. De pelikanen hadden nog steeds die 'wapperende staart' in hun hoofd en gingen uit nieuwsgierigheid naar de plek waar ze die net nog hadden gezien. Daar wachtte de jonge coyote, klaar voor de aanval. Op dat moment kwam vlakbij een hert uit de bosjes gesprongen, waardoor hij schrok, op de vlucht sloeg en zijn moeder achternarende.

Nu de pelikanen zich veilig waanden, kwamen ze het strand op. Een snelle sprong uit een onverwachte hoek maakte duidelijk dat ze zich vergisten. Een derde coyote, die me nog niet eerder was opgevallen, sprong uit het gras, greep een van de vogels en liep ermee achter de familie aan.

Een ander jaagtrucje dat de kleine roofdieren graag gebruiken is 'de dode coyote'. Een coyote gaat op zijn zij liggen, soms wel minutenlang, om een raaf of ekster te lokken. Zodra de aaseters op het zogenaamde kadaver afkomen, worden ze vliegensvlug door hem gegrepen en opgegeten.

Deze slimme kleine hondachtigen zijn wat het jagen betreft zelfs nog creatiever dan wolven. Dat gaat zelfs zo ver dat coyotes met andere diersoorten samenwerken. Ik heb een keer op een ochtend in Yellowstone kunnen zien dat een das en een coyote gezamenlijk op een grondeekhoorn jaagden. Terwijl de das de holen van het knaagdiertje zo fanatiek uitgroef dat de aardkluiten in de rondte vlogen, sloop de coyote behoedzaam door de woestijnalsemstruiken. Plotseling een beweging, een sprong, toehappen. De coyote kwam met een grondeekhoorn in zijn bek tevoorschijn. Die had via een zijingang van het wijdvertakte holennetwerk aan de das proberen te ontkomen en was zo recht tegen de snuit van de coyote aangelopen. Ook de das had beet. Met zijn buit verdween hij in een ondergronds hol, waar hij de maaltijd in alle rust kon verorberen. De coyote wachtte ondertussen geduldig tot zijn jachtpartner terugkeerde.

Het is een samenwerkingsverband waarvan beide profiteren. De grote marterachtige is een graafspecialist, de allesetende coyote is constant op zoek naar voedsel. Een gravende das heeft een magische aantrekkingskracht op de nieuwsgierige hondachtige. De das heeft een extreem goede reukzin en een fijn gehoor, waarmee hij de prooi onder de grond weet te vinden. Veel ondergrondse holen zijn onderling verbonden en hebben vluchtuitgangen. De coyote, die gespecialiseerd is in de bovengrondse jacht, hoeft daar alleen maar te wachten. Van de andere kant kan het gebeuren dat een vluchtende grondeekhoorn schrikt als hij een coyote tegenkomt en zich snel omdraait, maar dan de das in de klauwen loopt. Uit observaties is gebleken dat coyotes die met dassen samenwerken twee keer zoveel grondeekhoorns kunnen vangen als alleen jagende dieren.

Soms trokken deze twee zo verschillende diersoorten dagenlang met elkaar op. Af en toe probeerde een coyote of een das ook te porren is voor een spelletje, maar afgezien van een keer 'tikkertje' spelen doorgaans vergeefs. Als solitair levend dier zijn dassen niet zo gesteld op het 'geflirt' van hun sociaal ingestelde jachtpartners.

In de natuur bestaan veel vreemde vriendschappen tussen exemplaren van verschillende diersoorten. De wolf en de raaf is daar een voorbeeld van. En het is helemaal niet ongewoon dat een coyote en een das vaste kameraadjes worden. Behalve als een manier om aan eten te komen, zijn er zeker ook wel coyotes die er plezier in hebben om dassen te plagen, en af en toe wil de flegmatische das hem ook weleens terugpakken. Maar tot een echte vriendschap tussen die twee zal het niet komen. Deze gezamenlijke jachtpartijen vinden voornamelijk in de lente plaats, wanneer de grondeekhoorns uit hun winterslaap komen en in grote aantallen aan de oppervlakte komen. Wanneer de winter komt en het voedsel schaars wordt, kan het heel goed zo zijn dat 'vriend' das tot maaltijd van de coyote wordt. Maar ook omgekeerd zijn er wel resten van coyotes in dassenmagen gevonden.

De wetenschappelijke naam van de coyote, *canis latrans*, betekent 'blaffende hond'. De eerste witte kolonisten in Noord-Amerika noemden hem vaak prairiewolf. In de mythologie van de oorspronkelijke bewoners spelen ze een belangrijke rol. Hun verhalen vertellen over de coyote die de aarde schiep, het vuur bracht en ervoor zorgde dat beren een winterslaap houden. De oerbewoners weten zijn sluwheid, listigheid en intelligentie, zijn elan en zijn vrijheid op waarde te schatten. In sommige van hun legenden is hij 'de hond van God': een buitengewoon scherpe observeerder, door de hemel gezonden om zijn meester verslag te doen van wereldse aangelegenheden.

Hij is schepper, vernietiger, alwetende, de schelm en soms ook de domkop – een beetje zoals wij mensen.

Bill, een vriend van me, heeft een ranch in South Dakota aan de rand van de prairie. Er leven veel coyotes op zijn land. Hij vertelde me een verhaal over hoe hij en een coyote een keer hadden 'gevochten' om Charly, zijn bastaardhondje.

'Charly en ik waren met onze ochtendwandeling bezig toen er in de verte opeens een coyote kwam opduiken. Hij ging op een lage heuvel zitten en huilde in onze richting. Charly draaide zich om en liep in de richting van zijn wilde familielid. Ik floot om hem terug te roepen. Toen Charly naar mij toe wilde lopen, lokte de coyote hem nogmaals, en wel zo lang tot de hond weer terugging. Dat ging een tijdje zo door. Ik liep terug naar de ranch, de coyote volgde ons van heuvel naar heuvel. Hij lokte de hond met zijn gehuil, waarop Charly zijn kant op rende, en ik floot en riep Charly bij zijn naam tot hij besloot weer naar mij terug te keren. Vervolgens kwam de coyote weer dichterbij en riep hij Charly op een blijkbaar heel dwingende, nadrukkelijke manier, zodat de hond zich weer omdraaide naar hem.'

Zelfs toen Bill uiteindelijk bij de straat was aangekomen en de hond weer bij zich had geroepen, vond de coyote een heuvel met vrij uitzicht op het huis, waar hij ging zitten en zijn best deed om de hond terug te lokken.

'Misschien zong hij over de betoverende vrijheid, over het wilde leven en raakte hij met elke toon van zijn coyotezang iets van een herinnering die nog diep in de hond verborgen zat,' speculeerde Bill. Het was volgens hem duidelijk dat de coyote niet verwachtte te winnen, hoewel hij zijn best deed. Misschien deed hij het alleen maar voor de grap. Maar Bill was moe geworden en bovendien geïrriteerd geraakt omdat hij de hele tijd had moeten fluiten en roepen naar zijn hond, terwijl hij probeerde zo snel mogelijk een einde te maken aan die hele situatie. Toen hij bij de weg was aangekomen en nog een keer omkeek naar de coyote, riep hij hem toe: 'Zoek toch een baan!' Een kort en heel vrolijk blaffen was zijn antwoord voordat de coyote de heuvel af hupte en hem op weg terug naar zijn hol nog een laatste blik over zijn schouder toewierp. Een halve mijl verderop keek Bill weer achterom. 'De coyote wachtte daar even om op de hoogste heuvel te gaan zitten, als silhouet af te steken tegen de hemel en nogmaals te huilen; deze keer niet meer naar mij of Charly, maar naar de hemel. Of naar niemand, naar het universum en niet iemand in het bijzonder. Zijn karakteristieke roep, waarmee hij zei: "Ik ben!"'

Half lacherig, half bewonderend voegde Bill er nog aan toe: 'Van alle dieren op de prairie hebben coyotes het meeste gevoel voor humor. Als je een tijdje met ze hebt samengeleefd, begrijp je waarom de coyote voor de oerbewoners de god van de schelmen is. Wanneer je hem met zijn speelse manier van doen ergens op een helling ziet, heb je snel het gevoel dat hij zit te lachen. Coyotes doen niets liever dan een streek bedenken.'

Wat zijn sociale gedrag betreft lijkt de coyote op de wolf. Ze leven in familiegroepen, de ouders blijven hun hele leven samen, de hele familie draagt zorg voor de opvoeding van de welpen. Wanneer ze samen van een kadaver zitten te eten, zorgen ze voor elkaar. Er staan wachters op de uitkijk naar vijanden, terwijl de rest zijn buik rond eet. Dan wisselen ze elkaar af. Vaak wachten coyotes binnen zichtafstand van wolven die aan het eten zijn tot die eindelijk hun maaltijd beëindigen en zij aan de beurt zijn.

Als coyote-ouders zien dat hun jongen in gevaar zijn, worden ze ware furies. Door luidkeels en hysterisch tekeer te gaan jagen ze de wolven of beren weg, waarbij ze de aanvallers irriteren door ze in hun achterste te bijten.

Coyotes communiceren door middel van geursporen, optische prikkels, aanrakingen en voornamelijk door te huilen.

Ze hebben een soort dialect in hun taal waardoor ze leden van hun familie herkennen, informatie vragen, om hulp roepen of buitenstaanders waarschuwen vooral niet hun territorium binnen te komen. Anders dan wolven, die als roedeldieren een duidelijk uitgebreidere lichaamstaal gebruiken, vertonen coyotes minder gezichts- en lichaamsexpressie. Wel zijn ze heel onderscheidend in hun gehuil, dat heel anders is dan de lange, diepe huiltoon van wolven. Het hoge gekef, geblaf en gejank klinkt soms als het gezang van een hese primadonna en kan al van heel ver duidelijk worden waargenomen. Vaak plant het gezang zich voort van de ene coyotegroep naar de andere, tot het hele dal er vol van is. Het klinkt alsof ze hun broers en zussen van heuvel tot heuvel iets toeroepen. Nu eens klinkt het opgewekt en jubelend, uit de maat, zonder melodie of orde, dan weer lijkt hun lied een recht uit het hart komende klaagzang gericht aan de goden, zoals ook wij mensen soms over ons leed zingen. Altijd wanneer ik in de wildernis het gezang van coyotes hoor, blijf ik staan om te luisteren. Het is een indrukwekkend luistergenot.

Het is ook fascinerend om te zien of te horen hoe volwassen coyotes hun welpen leren huilen: ze zingen een bepaalde octaaf die de jongen vervolgens proberen te imiteren. Dit wordt net zo lang herhaald tot het eindelijk lukt.

Soms kom ik weleens in de verleiding om met ze mee te zingen. Ik moet toegeven dat het me maar niet wil lukken het gehuil van een wolf na te doen. Maar als coyote-sopraan ben ik onverslaanbaar. Misschien komt dat doordat ik vriendschap had gesloten met de coyote Bill toen ik tijdens een stage gedragsonderzoek deed in een afgesloten wolvengebied in de Amerikaanse staat Indiana. Elke ochtend stond ik bij de omheining samen met hem te huilen. Bedankt, Bill!

Tijdens een trektocht in het voorjaar door de backcountry van Yellowstone stuitte ik op een coyotefamilie die op muizen aan het jagen was. Toen de moeder me zag, bracht ze meteen haar kroost in veiligheid en verdween. Ik beproefde mijn geluk en begon in de hoogste tonen mijn coyotelied te zingen.

Heel onverwacht doken een paar meter bij me vandaan drie kleine coyotekopjes op uit het gras, die me met grote ogen nieuwsgierig opnamen. Een kort waarschuwend blaffen van hun moeder bracht ze terug in de werkelijkheid. Wat zou er door de koppies van die jongen zijn gegaan toen ze verwachtten een speelkameraadje te treffen, maar een tweevoeter te zien kregen?

Ik had in Yellowstone de unieke kans gedurende een lange periode niet alleen wolven, maar ook coyotes te observeren. Zo kon ik ook zien wat er precies gebeurt als een kleiner roofdier door een groter roofdier wordt verdrongen.

Tot de herintroductie van de wolf stond de coyote in dit park als roofdier bovenaan de keten. Ze leefden zoals ze wilden. Hun populatie groeide, en behalve beren en poema's hadden ze geen vijanden. Ze leefden in hun traditionele territoria, er was weinig waarvoor ze bang hoefden te zijn. Een slechte winter die hun voedingsbronnen nadelig beïnvloedde, was het ergste wat ze kon overkomen. Ze voedden zich met woel- en veldmuizen, grondeekhoorns en andere kleine zoogdieren, pakten af en toe een hertenkalf of aten van een kadaver. Alles bij elkaar leidden ze een stabiel leven zonder veel opwinding.

Hier kwam plotsklaps verandering in toen de mens in 1995 de eerste wolven voor hun neus zette. Ik maakte me zorgen over hoe 'mijn lieverds' erop zouden reageren als hun perfecte wereldje en vooral hun gezinnetjes door de grote nieuwelingen werden bedreigd. Hoe gaan we om met situaties waarin het leven zoals we dat kenden opeens radicaal verandert? De coyotes gingen het me laten zien.

Binnen slechts twee jaar brachten de nieuwelingen de populatie van de coyotes met de helft terug. Tegelijkertijd boden de door wolven achtergelaten karkassen echter wel voldoende voedsel voor hun hongerige neefjes. Aanvankelijk waren de coyotes heel blij met het vele vlees dat plotseling overal leek te liggen. Ze hadden of de reden van dit nieuwe Luilekkerland nog niet ontdekt, of ze waren zo hebberig dat ze alle omzichtigheid lieten varen.

De kleine coyote vrat onbekommerd van het hert dat de wolven die ochtend hadden gevangen. Hij was zo hongerig dat hij niet goed op zijn omgeving lette. Dat was een fout. Op de berghelling kwam op een meter of honderd boven hem een zwarte wolf aangeslopen, rechtstreeks op hem af. Eindelijk keek de coyote op; hij sprong van schrik met alle vier de poten tegelijk de lucht in en sprintte ervandoor, met de wolf vlak achter hem aan. Toen er nog maar een staartlengte afstand tussen de twee was, maakte de kleinste een plotselinge zijsprong en raasde recht op de weg af, waar ik samen met andere wolvenobservators en fotografen stond. De wolf bleef abrupt stilstaan en droop af. Met ons mensen wilde hij niets van doen hebben. De coyote was zijn grote neef te slim af geweest – voor de zoveelste keer.

Maar de kleine sluweriken hebben niet altijd zoveel geluk. Ik heb meermaals gezien dat wolven een coyote doodden. Het verloopt altijd volgens min of meer hetzelfde scenario: een aantal wolven jaagt met hun staart rechtop en naar voren gerichte oren achter één enkele coyote aan, omsingelen hem en bijten opeens allemaal op hem in, net zo lang tot het slachtoffer dood is.

Wanneer ik zoiets meemaak, sluit ik mijn ogen en draai ik me om. Ik lijd mee met het slachtoffer. In het voorjaar is het nog erger, als de wolven de coyoteholen uitgraven om de welpen te doden. Het vertwijfelde gekrijs van de ouders is me maar al te vertrouwd. Ze proberen alles om hun jongen te redden van de grote rovers, ze happen in hun achterste en poten en werpen zich in ware doodsverachting voor de wolf, maar meestal tevergeefs. Ik hoef het drama niet eens echt te zien; het gejank van de coyotes, de paniek, vertwijfeling en het verdriet dat ook nog doorgaat nadat de wolf allang met een welp in de bek is weggelopen, gaat me door merg en been. Meestal vlucht ik door in de auto te springen en snel weg te rijden. Hoewel het doden bij de natuur hoort, kan ik er niet tegen.

Maar de 'schelm' zou niet zo'n overlevingskunstenaar zijn als hij zich niet aan deze nieuwe situatie wist aan te passen. Zo hebben coyotes ingezien dat de grootte van hun roedel een zekere veiligheid met zich meebrengt. Voordat de wolven terugkwamen, trokken ze meestal alleen of in kleine groepjes in familieverband rond. Tegenwoordig vormen ze vaak grotere groepen van maximaal tien familieleden. Of er gaan er één of twee op wacht staan wanneer ze van een kadaver aan het eten zijn. Die waarschuwen de overige familieleden als er een wolf aankomt.

De coyotes bedenken nog wel meer dingen om bij gevaar hun grote concurrenten te slim af te zijn. Ik zag een keer dat er één achterna werd gezeten door een wolf. De coyote rende de berg af, en telkens wanneer de wolf hem inhaalde, maakte hij plotseling een scherpe bocht en liep razendsnel weer tegen de berg op. Omdat de wolf te log was, hield hij het op een gegeven moment niet meer vol en moest hij opgeven.

De familie der hondachtigen, *canidae*, is meer dan vijf miljoen jaar geleden in Noord-Amerika tot ontwikkeling gekomen. Veel hondachtigen, zoals de jakhals, wolf en wilde hond, verspreidden zich over de wereld via landbruggen die Amerika met Europa en Azië verbonden. Maar de coyote heeft Noord-Amerika nooit verlaten, waar ze zich ongeveer een miljoen jaar geleden ontwikkelden tot een afzonderlijke soort. De grote roofdieren werden met de kolonisatie verdrongen of uitgeroeid. Maar de coyote niet. Terwijl er duizenden jaren voorbijgingen waarin mammoet en sabeltandtijger uitstierven en het paard het continent veroverde, bleven de coyotes altijd dezelfde – evolutionair gezien primitieve levensvormen, maar verbazingwekkend flexibel, altijd progressief en innovatief – elke verandering gebruikend in hun voordeel.

Hoewel wolven en beren bovenaan de voedselketen staan, kun je je afvragen waarom uitgerekend de kleine coyotes ondanks grootschalige vervolging ook tegenwoordig nog in aantal toenemen en succesvol standhouden. De verklaring is eenvoudig: ze hebben zich erop ingesteld vervolgd te worden. Voor coyotes zijn mensen gewoon het zoveelste – heel inefficiënte – roofdier. Voordat er geweren en vallen werden uitgevonden, hadden beren en wolven in Noord-Amerika helemaal geen vijanden, waardoor ze nooit hadden geleerd om bang te zijn voor mensen. Dat werd hun dood. Coyotes hebben echter snel lering getrokken uit de vervolging. Het was hun veerkracht waardoor ze wisten te overleven.

Naast hun vermogen zich sneller voort te planten als ze in hun voortbestaan worden bedreigd, hebben coyotes een nieuwe en veilige leefomgeving ontdekt: grote steden. Sinds de jaren zeventig wonen ze in de kloven van Los Angeles en in de jaren negentig zijn ze voor het eerst in de Bronx gezien. In de straten van Manhattan neemt hun aantal toe. Chicago is met naar schatting drie- tot vierduizend coyotes[13] blijkbaar erg geliefd.

Verbazingwekkend genoeg jagen de stadscoyotes niet – zoals aanvankelijk werd gevreesd – op honden, katten of andere huisdieren, maar eten ze natuurlijke voeding zoals konijnen, ratten, eekhoorns en vogels.

Een bevriende Canadese biologe heeft me eens een foto gestuurd waarop een coyote op een tak in een appelboom balanceert. Omdat er geen gevallen fruit meer onder de boom lag, ging het kleine mannetje op zoek naar uitgedroogde appels die nog aan de takken hingen.

De stedelijke coyotes kunnen goed risico's inschatten en proberen zo veel mogelijk uit het zicht te blijven. In grote steden zijn genoeg voedsel en dekking te vinden voor deze slimme roofdieren. Niemand schiet op ze, niemand probeert ze te vangen of te vergiftigen. Terwijl coyotes op het platteland maar zo'n tweeënhalf jaar te leven hebben, worden ze in de stad twaalf tot dertien jaar en er blijven ook aanzienlijk meer van hun welpen in leven.

Coyotes hebben hun natuurlijke gedrag veranderd om zich aan te passen aan het leven in de directe nabijheid van mensen. In de binnenstad van Chicago bijvoorbeeld bracht een coyote zijn hele leven door op een begraafplaats, waar hij zich voedde met het voer dat bezoekers voor hem achterlieten op de graven. Een andere coyote – met gps-halsband – en zijn levensgezellin hebben een worp van vijf gezonde welpen grootgebracht in een betonnen holte op de parkeerplaats van het Soldier Field Stadium, het stadion van de Chicago Bears.[14]

Anders dan in het wild levende coyotes zijn Chicago's stadscoyotes 's nachts actief en verstoppen ze zich overdag, vaak in de buurt van drukke winkelstraten. Ze hebben geleerd straten, voetpaden en spoorwegen ondanks de enorme verkeersdrukte ongezien (en meestal heelhuids) over te steken. Ze doen uiteindelijk precies hetzelfde als de wilde dieren die in Duitsland naar de stad zijn getrokken: vossen, wasberen en regelmatig ook wilde zwijnen, die zelfs in grote steden als Berlijn voedsel in overvloed en een veilig onderkomen vinden.

De coyote is geen populair dier in Amerika. Zelfs de wolf heeft meer vrienden. Maar de wolf was in tegenstelling tot zijn kleine broertje niet in staat zich zo aan te passen dat hij altijd weer terugkomt, ondanks het feit dat er voortdurend op hem wordt gejaagd – en dat in grotere aantallen dan ooit.

Traditioneel heeft in onze houding ten opzichte van de natuur (ten onrechte) de opvatting postgevat dat die maakbaar is. We denken de natuur onder controle te kunnen brengen, wanneer en hoe we maar willen – met voorspelbare gevolgen. Door onze arrogantie willen we maar niet toegeven dat we in de coyote een gelijkwaardig wezen hebben gevonden, dat ons al duizenden jaren te slim af is geweest en ook zal blijven. Er wordt in Amerika een gigantische lobby tegen hem gevoerd, dus de afslachting en uitroeiing zal blijven voortduren. Maar die slimme hondachtige reageert op elke nieuwe vernietigingsstrategie met een gedragsverandering. Als hij aan een val weet te ontsnappen, mijdt hij voortaan het gebied waar vallen worden gezet en geeft dat ook door aan zijn nakomelingen. Overal waar op hem wordt gejaagd, wordt hij voorzichtiger en gaat mensen uit de weg. Terwijl de zwakke, onvoorzichtige en domme hondachtigen worden gedood, lijkt er een soort 'supercoyote' te ontstaan die met zijn menselijke vijand weet om te gaan.

We hebben met onze uitroeiingscampagnes nog een parameter aan de natuurlijke selectie toegevoegd, met als resultaat dat de coyotes nu groter, intelligenter, sneller en listiger zijn en zich beter kunnen aanpassen dan in de tijd waarin de eerste witte mensen hun gebied betraden. Daarmee zijn ze het symbool bij uitstek geworden voor de succesvolle weerstand tegen de mens, die denkt de natuur onder controle te hebben.

De natuur is dynamisch en alles staat in verband met elkaar. Wij kunnen alleen overleven als we meeveranderen en ons aanpassen – zoals de coyotes. Hun veerkracht is voor mij een geschenk, dat me laat zien dat ook wij mensen alle rampen en veranderingen kunnen overleven.

WALVISSEN EN ARENDEN

Wanneer ik een wild dier voor het eerst in de ogen kijk, ervaar ik dat altijd als een mystiek moment waarop ik in een vreemde wereld duik. Dat ging zo bij de wolf, bij de bizon – en ook bij een walvis.

Ik paste een paar dagen op het huis van vrienden in Maine en wilde aansluitend naar het noorden rijden om het Acadia National Park te bezoeken en zo mogelijk een stukje van de beroemde Appalachian Trail[15] te lopen. Bovendien wilde ik nu toch weleens walvissen zien. De wateren op ongeveer twintig mijl voor de kust beloofden spectaculaire waarnemingen. Hier zouden vinvissen, bultruggen en dwergvinvissen zitten, en daarnaast verschillende haaiensoorten en blauwvintonijnen. Het beste seizoen voor een walvistour is van half april tot oktober en de ochtend is het geschiktste moment van de dag, omdat de zee dan het rustigst is.

Het was nazomer en volgens de weersverwachtingen werd het een zonnige, rustige dag. Dus ik meldde me voor de volgende morgen aan bij Cap'n Fish voor een *whale watching tour*. En inderdaad, het was windstil, de zee zo glad als een spiegel; de perfecte omstandigheden voor mij, omdat ik heel veel last heb van zeeziekte. Ik word al misselijk als ik in een schommelstoel zit of naar een film kijk waarin een hevige deining te zien is. Maar deze dag kon het niet fout gaan.

Bij het reserveren kreeg ik als advies: 'Neem een middel tegen zeeziekte als u een gevoelige maag hebt. Maar wees voorzichtig, zulke pillen maken u vaak ook slaperig.'

Met de tabletten voor de zekerheid in mijn jaszak ging ik samen met een stuk of dertig andere toeristen in Boothbay Harbor aan boord. Na de veiligheidsinstructies over de zwemvesten en de gedragsregels bij het benaderen van walvissen – niet schreeuwen en niet aanraken – tufte de boot de zee op. De kijkers hadden zich allemaal over het dek verdeeld en stonden met hun camera's en verrekijkers in de aanslag vol verwachting de horizon af te scannen.

'Daar! Daarginds!' Opgewonden wezen een paar mensen in de verte en de stuurman riep om: 'Mensen, we hebben een walvis op elf uur!' Hij gaf gas, want er doken steeds meer walvissen op die waterfonteinen uitstootten, zogenaamde pluimen. Toen we de walvissen naderden, schakelde de kapitein terug en zette hij de motor uiteindelijk helemaal uit. De boot deinde op de golven. Er doken nog twee toeristenboten op. We sloten de walvissen in. Bij elke pluim, die als een zuil uit het water omhoogkwam, juichten de mensen op de boten luidkeels. Toen kwam er eindelijk een aantal walvissen met een machtig gesnuif aan het oppervlak. Het waren dwergvinvissen, die met hun lengte van bijna negen meter reusachtig leken. Camera's klikten, mensen gilden van opwinding en enthousiasme – de gedragsregels waren vergeten. Sommigen vroegen ongeduldig: 'Wanneer gaan ze nou eindelijk eens springen?' Waarschijnlijk hadden ze te vaak naar *Free Willy* gekeken of dachten ze aan shows in aquaria, die ons een perfecte wereld voorspiegelen, terwijl de dieren onder dieronvriendelijke omstandigheden worden gehouden.

Het gegil werkte op mijn zenuwen. Ik had gehoopt de walvissen in stilte te kunnen bewonderen en trok me terug. Ik ging aan de andere kant van de boot aan de reling staan en ademde de zoutige zeelucht diep in. Het was genoeg voor me om te weten dat de grote zeezoogdieren er waren; daarvoor hoefde ik me niet onder die luidruchtige massa te begeven.

Terwijl ik nog de verte in stond te turen, merkte ik dat er iets onder me bewoog. Een walvis kwam vlak naast de boot opduiken. Zijn enorme donkere kop hield hij een beetje schuin, alsof hij het zichzelf zo iets gemakkelijker maakte om naar me te kunnen kijken. Zijn kop was maar een armlengte bij me vandaan. Het grote, bijna menselijke oog van de walvis keek me aan – nee, het keek bij me naar binnen, in het binnenste van mijn ziel. We keken elkaar aan met een paar meter water en een onmetelijke kloof van evolutionaire tijd tussen ons. Hoe lang was het geleden dat onze zoogdiervoorouders verschillende kanten op gingen? Hoe immens diep was het gapende gat dat onze levenswijzen van elkaar scheidde? Wat dacht of voelde dat grote schepsel, dat me bleef aankijken terwijl ik hem observeerde? Hoe leefde het? Het onstilbare verlangen in andere levensvormen op te gaan, de dingen met hun ogen en hun verstand te begrijpen – dat is een rode draad die door al onze evolutionaire veranderingen loopt. Duizend reïncarnaties, allemaal in een andere levensvorm, zouden nog niet genoeg zijn om die nieuwsgierigheid te bevredigen.

Ik voelde bewondering en eerbied voor de schoonheid van dat dier, maar ook iets van treurigheid, want elk moment kon de walvis weer onderduiken en dan zou de ontmoeting alweer voorbij zijn. Het moment van betovering zou afgelopen zijn – en ik zou alleen achterblijven.

Ik werd helemaal in beslag genomen door dit schouwspel. Ik vergat waar ik was, merkte niet dat de boot zo hevig begon te schommelen dat ik eigenlijk misselijk had moeten worden. Buiten de walvis en mijzelf was er niets. Toen ademde hij zacht in en deed zijn spuitgat dicht om onder te duiken. Niemand behalve ik had hem opgemerkt.

Dat elementair andersoortige wezen had me zo diep geraakt dat ik met betraande ogen op het dek ging zitten en me niet verroerde tot we weer aanlegden in de haven. Ik wilde het aan niemand vertellen, ik wilde het niet delen, ik wilde die betovering helemaal voor mezelf houden.

Dat is nu meer dan twintig jaar geleden. De walvistochten zijn tegenwoordig aanmerkelijk strenger gereguleerd. In de vs moet een afstand van ten minste driehonderd meter tot de dieren worden aangehouden. Wie zo'n trip wil maken, moet goed opletten wie het organiseert. Niemand kan 'garanderen' dat er ook daadwerkelijk dieren worden gespot. Dat kon ik bij mijn wolvenreizen ook niet. Ethische dierenobservaties respecteren het gedrag van een dier en accepteren liever dat er niets wordt gespot of gefotografeerd dan dat het dier wordt gestoord.

Er wordt wel beweerd dat je de eerste ontmoeting met een walvis nooit vergeet. Dat klopt. Na mijn ervaring in Maine wilde ik meer te weten komen over die grote zeezoogdieren. Ik besloot deel te nemen aan het Sitka WhaleFest, een bijeenkomst van walvisonderzoekers die jaarlijks in november in Sitka plaatsvindt.

Ik kon het combineren met een ander wetenschappelijk symposium: het Alaska Bald Eagle Festival. Dat stond in het teken van de witkopzeearend en vond enkele dagen na de walvisbijeenkomst plaats. Zo was het lonend om naar het verre Alaska te reizen, hoewel dat in november een hele uitdaging is. Veel wegen en passen zijn dan vanwege de sneeuw afgesloten.

Als leider en organisator van reizen door de wildernis had ik met de jaren een kleine kring onverschrokken vaste klanten opgebouwd, die bereid was om elk avontuur aan te gaan. Toen ik voorstelde walvissen en arenden in Alaska te gaan spotten, zegden ze direct toe.

Walvissen

In de wateren van Sitka in het noordoosten van Alaska verzamelen zich in november de laatste bultruggen voordat ze naar hun paringsgebieden in Californië of Mexico trekken. De lokale bevolking viert dan samen met wetenschappers en toeristen het Sitka WhaleFest ter ere van het zeeleven. Tijdens dit festival staat een driedaags symposium centraal, waar wereldberoemde walvisexperts hun nieuwste onderzoeksresultaten op allerlei gebied presenteren. Het biedt aankomende onderzoekers en ieder ander die in de oceanen geïnteresseerd is de mogelijkheid om in contact te komen met een enthousiaste en heel diverse groep gelijkgezinden. Gastsprekers geven tijdens het symposium voordrachten over het centrale thema van dat jaar. Het evenement wordt omlijst door regionale en culturele activiteiten, uitgebreide wetenschappelijke presentaties, boottochten om walvissen te kijken, een kunstnijverheidsmarkt, muziekuitvoeringen en een kunsttentoonstelling. Allemaal rondom het thema zee.

Op 4 november 1999 vlogen we met z'n vieren van Frankfurt via Seattle en Juneau naar Sitka. We lieten ons inschrijven en mengden ons onder de overige symposiumdeelnemers. De drie volgende dagen waren gevuld met een groot aantal voordrachten over walvissen – vooral over bultruggen, orka's en dolfijnen. We zagen PowerPoint-presentaties, tabellen, foto's en grandioze video's. 's Avonds zaten we samen met de onderzoekers aan het banket of bezochten theatervoorstellingen en dansuitvoeringen van de oerbewoners, de stam van de Tlingit.

De organisatoren van het festival bedankten ons dat we gekomen waren. Ze voelden zich vereerd, omdat we het evenement zo toch een 'internationale allure' gaven. We werden zelfs door het plaatselijke televisiestation geïnterviewd en de kranten in Juneau berichtten over de Duitse walvisfans.

Vooral de voordracht van zeebiologe Kathy Heise interesseerde me. Ze was gespecialiseerd in orka's: zwaardwalvissen die tot de familie der dolfijnen behoren. De tegenwoordig nog steeds gebruikelijke naam 'killerwalvis' wordt door wetenschappers om goede redenen afgewezen.

Kathy liet in een video zien hoe een groep orka's probeerde een bultrugjong te scheiden van zijn moeder om het te doden. Eerst sloten ze de prooi samen in en joegen hem net zo lang op tot hij uitgeput was. De moeder verdedigde haar kind, dat dicht naast haar zwom, dapper tegen elke aanval. Een paar orka's wisten zich tussen haar en haar jong te dringen. Ze beten de moeder en probeerden het kalf onder water te drukken, zodat het geen adem meer kon halen. Uiteindelijk slaagde de moeder er niet in haar jong tegen de overmacht van de aanvallers te verdedigen en moest ze opgeven.

Het deed me denken aan de jachttactiek van wolven. Net als zij leren ook orka's van hun moeder te jagen in een groep. Walvissen organiseren heuse trainingsuren voor hun jongen. Ze drijven bijvoorbeeld pijlstaartroggen naar ondiep water en verwonden die. Daarbij worden de roggen niet gedood, maar alleen verzwakt, zodat de jonge orka's ze gemakkelijker kunnen grijpen. Het duurt enkele jaren voor de jonge dieren de techniek helemaal beheersen.

Bij het jagen heeft elke orka een bepaalde taak. De volwassenen leren de nakomelingen hoe ze moeten jagen en waar gevaar dreigt. Kathy vertelde over orkagroepen waarvan sommige dieren werden doodgeschoten of verwond. 'Ze vergeten het nooit. Bij sommige kun je de littekens van schotwonden zien. Bij die orka's kunnen we niet in de buurt komen. Zodra ze een motor horen, gaan ze ervandoor.'

Orka's leven in complexe sociale families, beschermen elkaar en zorgen voor de zwakken in hun midden. Een school orka's wordt aangevoerd door een ervaren vrouwelijke orka, de matriarch. De dieren gaan liefdevol met elkaar om en raken elkaar voortdurend aan. Als ze zwemmen of samen spelen maken ze sprongen en salto's in de lucht of surfen ze op de golven.

En net als wij mensen communiceren walvissen voortdurend met elkaar. Een bioloog liet opnamen horen van het gezang van de blauwe vinvis: vaste, regelmatig terugkerende klankpatronen. Bultruggen gebruiken luchtbellen als communicatiemiddel en proberen indruk op elkaar te maken met luchtbelvoorstellingen. Orka's zijn ware roddeltantes. Ze kletsen aan één stuk door. In de opnamen van de bioloog was een voortdurend gejank, geknars, gepiep, gejoel en gesnater te horen. En net zoals wolven en coyotes huilen in verschillende 'dialecten', heeft elke walvisfamilie een eigen taal.

Na de voordrachten was ik uitgeput – niet alleen geestelijk, maar ook emotioneel. Door de walvissen schaamde ik me als lid van de diersoort mens. Waar halen we het in vredesnaam toch nog steeds vandaan dat wij de kroon van de schepping en de enige intelligente en meevoelende diersoort zijn, terwijl er medeschepsels bestaan die op z'n minst gelijkwaardig zijn, zo niet superieur op sommige gebieden?

We hadden ons aangemeld voor een whale watching tour op de laatste dag. Ik had het weer als een voorteken moeten zien: de regen kwam met bakken uit de lucht, een krachtige wind zorgde voor een flinke golfslag. Mijn groepje beweerde geen last te hebben van zeeziekte. Wat was ik jaloers! Toch wilde ik het spektakel voor geen goud missen. Zo erg kon het toch niet worden? Misschien vergat ik mijn misselijkheid wel als ik walvissen zag, zo hoopte ik. Voor de zekerheid slikte ik na het ontbijt een paar pillen tegen zeeziekte.

'We gaan zeker walvissen zien,' zei walvisonderzoeker Jan Straley vol overtuiging. Na een halfuurtje varen liet kapitein Barbara Bingham het bootje met twintig opgewonden passagiers te midden van een school van een stuk of honderd bultruggen dobberen. Sommige walvissen zwommen rondjes om onze kotter. Een grote zwerm meeuwen cirkelde krijsend boven de boot toen het oppervlak begon te beven en de reusachtige bekken van minstens vijftien bultruggen uit het water schoten. Daarna werden het er steeds meer. Om ons heen lag een zee van ruggen, waterpluimen en staartvinnen, voordat de walvissen weer in de diepte verdwenen. Als de ene opdook, ademde een andere diep in om met duidelijk zichtbaar plezier soepeltjes onder te duiken. Hun ruggen spanden zich als gladde zwarte bogen boven de waterspiegel voordat ze aanzetten om met hun kop naar beneden diep onder te duiken. Tot slot trokken ze hun staart achter zich aan en staken ze een vin op, recht naar boven als de stuurinrichting van een vliegtuig, alsof ze groetten – altijd in hetzelfde waardige tempo. De borstvinnen van een bultrug zijn knobbelig aan de voorzijde, in tegenstelling tot die van andere walvissen. Daardoor hebben ze aerodynamische eigenschappen. Er ontstaan wervelingen bij de vin, waardoor de opwaartse druk verbetert en de weerstand van het water wordt verkleind.[16]

We waren omringd door walvissen. Overal zag je ze blazen, soms dichtbij genoeg om ons in een wolk van fijne waterdruppeltjes te hullen. Ik voelde hun fonteinen in mijn gezicht. Dan kwamen ze heel dicht bij de boot naar boven, bleven ernaast zwemmen, doken onder. Af en toe zag ik drie reusachtige staartvinnen tegelijkertijd uit het water omhoogkomen. Om ze zo te zien en me te midden van hen te bevinden was ontroerender dan ik had gedacht. Het was adembenemend!

Ik moest gewoon huilen. Die dieren waren zo gigantisch groot. Zo majestueus. Hun geluiden vermengden zich met de opgewonden kreten van de passagiers. Ik wist niet meer waar ik kijken moest – voor zover ik ook nog maar iets kon zien, want ik kreeg slappe knieën en mijn maag voelde alsof ik in een achtbaan zat. Dat lag niet aan de overweldigende walvissen, maar aan de zeeziekte die nu van zich deed spreken.

'Je bent helemaal groen in je gezicht,' merkte Rainer uit mijn groepje op. Hilde, die met haar man jarenlange zeilervaring had, pakte me bij mijn arm, keek me medelijdend aan en adviseerde me: 'Je kunt beter naar binnen gaan en gaan liggen.' Dat deed ik. Ik was duidelijk niet de enige die misselijk was geworden, want de helft van de passagiers lag op de bankjes in de boot en hield krampachtig een spuugzakje vast terwijl de bemanning in stukjes gesneden gember uitdeelde – waarop ik nog misselijker werd. Wat zonde! Ik bevond me midden tussen de grootste zeezoogdieren en ik wilde alleen maar dood. Van de drie uur durende trip lag ik de helft benedendeks of hing ik over de reling 'de vissen te voeren'. Ik was heel blij toen ik weer vaste grond onder mijn voeten voelde en zwoor nooit meer op een boot te stappen.

Toen ik Kathy bij het afscheidsbanket vertelde over onze walvistour en mijn misère, keek ze me medelijdend aan. 'Dat kun je hebben,' zei ze, waarop ze een servet en een pen pakte. 'Als jullie morgen naar Juneau vliegen, moeten jullie met de auto de stad uit rijden, hiernaartoe.' Ze zette een paar lijnen en een groot kruis op het servetje. 'Hier kun je walvissen zien vanaf de weg, op vaste grond. Bultruggen en orka's.' Ze knipoogde naar me. 'En als ik een keer naar Yellowstone kom, laat jij me de wolven zien!'

Dat beloofde ik van harte.

De avond werd beëindigd met een Russische dansvoorstelling in het Tribal Community House van Sitka. De Tlingit namen afscheid van ons in hun eigen taal: *'Gonachchiech ngha ngha,'* wat bedankt betekent.

Walvissen zijn de mascottes van ecologisch verantwoordelijkheidsgevoel geworden, hét symbool van ons medeleven met andere dieren, omdat ze – naast honden en andere hoogontwikkelde dieren – voor ons het idee belichamen dat mensen niet de enige wezens op aarde zijn die een bewustzijn hebben.

Toch loopt de walvispopulatie tot nu toe, volgens de stand in 2020, nog altijd verder terug. Veel walvissoorten worden nog steeds in hun voortbestaan bedreigd – ondanks een wereldwijd moratorium (een stop) voor de commerciële vangst van alle grote walvissoorten sinds 1986. Ze hebben te lijden onder vervuilde zeeën, veranderde leefgebieden, vissersnetten waarin ze als bijvangst door verdrinking aan hun einde komen, aanvaringen met schepen en de klimaatverandering. Door reuzentankers, olieboringen, de bouw van windmolenparken op open zee, het zoeken naar gasvoorraden en door het gebruik van sonarapparatuur neemt de geluidsoverlast onder water steeds verder toe, met massastrandingen tot gevolg. En zelfs whale watching tours voor toeristen leiden tot stress bij deze dieren.

Alleen Japan, Noorwegen en IJsland doen nog aan walvisvangst. Daarnaast worden nog steeds orka's dieronvriendelijk gehouden in dierentuinen en dolfinaria.

De volgende morgen vlogen we naar Juneau. Daar moesten we twee dagen wachten voordat we met de veerboot naar Haines konden varen. Buiten het seizoen vergt een reis in Alaska zorgvuldige planning. Veel hotels zijn al gesloten, de veerboten gaan minder vaak of soms zelfs helemaal niet meer. Ondanks de onophoudelijke regen maakten we van de gelegenheid gebruik voor wat sightseeing in Juneau. Mijn geheime tip is een bezoek aan de stadsbibliotheek, waar je een prachtig uitzicht hebt over de stad en de omliggende bergen.

De Mendenhall-gletsjer hoort bij het verplichte toeristische programma. Het was de derde keer dat ik hier was en elke keer was hij verder teruggetrokken. De opwarming van de aarde was toen al te zien, hoewel men het er toen nog niet over had.

Toen 's middags eindelijk het wolkendek opentrok en de zon doorbrak, reden we met behulp van Kathy's schets op het servetje naar het noorden tot aan Bridget Cove. En daar waren ze – goed te zien en zonder deinende scheepsplanken onder mijn voeten: walvissen! Ik telde zo'n dertig bultruggen en acht tot tien orka's. Ze waren rustig samen baantjes aan het trekken. De rugvinnen (zwaarden) van de orka's staken boven het water uit, één keer zelfs vijf tegelijk, alsof dansers met een beetje overgewicht tijdens een waterballet aan het synchroonzwemmen waren.

Vlak langs de oever en daarmee veilig voor de zwaardwalvissen zwom een groep van ongeveer twintig zeehonden. De orka's naderden de kust. We konden luid en duidelijk horen dat ze met elkaar aan het 'praten' waren. Ze gromden, floten, zongen en knorden.

Opeens kwam er beweging in de groep bultruggen. De dieren sloegen enkele keren met de onderzijde van hun staartvin op het wateroppervlak. Met zeer hoge tonen dreven ze een zwerm vissen bij elkaar naar de oppervlakte van de zee, waarna ze met een dicht net van borrelende luchtbelletjes de vissen insloten. Ten slotte kwamen de walvissen met wijd opengesperde bekken rechtop uit de kolkende zee naar boven, waarbij ze hele scholen vis in één keer verorberden.

Voor deze zogenaamde *bubble net feeding* is een hoge mate aan samenwerking en intelligentie nodig. Alle walvissen bewogen synchroon volgens een perfecte choreografie. Als je weet dat er maar zo'n honderd bultruggen zijn die deze vorm van 'luchtbellenjacht' perfect beheersen, besef je pas dat we ons op onze laatste walvisdag wel over iets heel bijzonders hadden mogen verwonderen.

Arenden

De volgende dag vervolgden we onze reis naar het Alaska Bald Eagle Festival met de veerboot naar Haines door het Lynn-kanaal. Dertig bultruggen en een plotseling opduikende vrolijke school dolfijnen begeleidden ons. De dieren wierpen zich met bruisende kracht en uitgelatenheid in de lucht, lieten de golven nog harder schuimen en maakten de wildernis nog wilder.

Haines is een klein plaatsje in het zuidoosten van Alaska, omgeven door water en bergen. Er wonen veel kunstenaars: schilders, houtsnijders en schrijvers. Voor de inwoners is er het Chilkat Center for the Arts, met als speciale attractie een theater met tweehonderdvijftig zitplaatsen en een Steinway-vleugel. Het radiostation KHNS FM fungeerde als communicatiecentrum en gaf zowel openbare als privéboodschappen door. Niet iedereen had een telefoon en er waren nauwelijks draadloze verbindingen. Enkele keren per dag zond de radio behalve het officiële nieuws ook boodschappen uit voor de mensen buiten de bewoonde wereld. Zo hoorde je via de publieke radio niet alleen wat er in de stad speelde, wie er op bezoek kwam of hulp nodig had, maar ook heel wat privégebakkelei op liefdesgebied.

Veel inwoners waren zelfvoorzienend. Ze verbouwden hun eigen groente en fruit en hielden kippen voor eieren en vlees. Ze hadden hun huizen opgeknapt en een nieuwe laag verf gegeven voor het festival.

Elk jaar vindt in de herfst bij het hoger gelegen deel van de Chilkat River 's werelds grootste bijeenkomst van witkopzeearenden plaats. Er komen elke oktober tot wel vierduizend exemplaren naar het Chilkat Bald Eagle Preserve, telkens weer naar precies dezelfde plek. In dit beschermde natuurgebied komen de rivieren Chilkat, Kleheni en Tsirku samen. Een natuurlijk fenomeen zorgt ervoor dat over een afstand van zes kilometer de Chilkat niet dichtvriest, doordat warm grondwater door de rivierbedding naar boven komt. Hier komen tot wel honderdduizend chumzalmen[17] naartoe. Het is hun geboortewater, en waar ze ooit zelf uit hun ei zijn gekropen, komen ze nu zelf hun eitjes leggen om vervolgens te sterven.

Gewapend met camera en verrekijker reden we naar de rivier tussen mijlpaal 18 en 25 ten noorden van Haines om dat spektakel te bekijken. Ontelbare zalmen zwommen dicht tegen elkaar tegen de stroming in. Op enkele plekken leek er meer zalm dan water in de rivier te zijn. Duizenden dode zilverkleurige vissen lagen op de oevers langs de rivier en wezen ons de weg naar de arenden.

En daar waren ze: dicht opeengepakt zaten de roofvogels op de zandbanken, waadden door het ondiepe water of zaten met honderden tegelijk op de takken van de wel vijftig meter hoge populieren, waar ze op de uitkijk zaten naar hun prooi. Er was niet veel plek over. De arenden zaten over hun prooi gebogen, met hun kromme, messcherpe klauwen diep erin geslagen, om voortdurend met hun sikkelvormige snavel in het vlees te pikken. Veel vogels hadden zulke zware vissen in hun poten dat ze niet meer konden opvliegen. Zo hupten ze rond met hun maaltijd. De oudere dieren ruzieden met jonge arenden, die nog niet de voor de witkopzeearend zo typerende witte kop- en staartveren hadden en meer op een steenarend leken. Met de brutaliteit van de jeugd probeerden ze de buit van de volwassenen af te pakken. We verbaasden ons over de onbeschrijflijke overvloed, waarbij er zelfs nog genoeg overbleef voor de alomtegenwoordige en opgewonden krijsende meeuwen en raven. De volgevreten arenden stonden gewoon te schommelen op hun poten wanneer ze sloom naar de volgende vis hupten. Deze aanblik deed me denken aan de historische schilderijen van Luilekkerland, of aan de film *La Grande Bouffe*. Vanaf de feesttafel drongen de lange, gillende uithalen van de arenden tot ons door.

Aan de oever van de rivier kon ik in het heldere water zien dat de zalmen hun eitjes legden. Na hun lange reis leken ze nog verbazingwekkend bij krachten. Het was nauwelijks voor te stellen dat ze algauw als voedsel voor de vraatzuchtige roofvogels zouden dienen. Maar niet voordat ze er alles aan hadden gedaan om het voortbestaan van hun soort zeker te stellen. Op een vlak stuk in de rivier groef een wijfjesvis met haar staart een kuiltje in het kiezelzand, waar ze haar eitjes in legde.

Boven en naast haar zwommen twee mannetjes die bereid waren hun zaad te spenderen voor de bevruchting van haar eitjes. Ze duwden elkaar om beurten aan de kant en bleven boven haar hangen. Toen werd het water opeens melkachtig wit. De eitjes werden gelegd en bevrucht. De daad was verricht, het genetisch materiaal van in elk geval een van de mannetjes had een kans te overleven.

Net als bij het WhaleFest in Sitka werd op het Alaska Bald Eagle Festival een groot aantal lezingen van wetenschappers aangeboden. We maakten de volgende dag bij een lezing van een ranger gebruik van de gelegenheid om een van die grote roofvogels van dichtbij te zien. Deze witkopzeearend was gewond afgeleverd bij het revalidatiecentrum voor arenden. Zijn staart- en borstveren waren met olie besmeurd en hij had een verwonding aan zijn schouder die niet goed wilde genezen. Omdat de vogel daarmee niet meer kon vliegen, hielp hij nu als 'ambassadeur' van de arenden om voorlichting over zijn soortgenoten te kunnen geven

– met toestemming van de overheid, want witkopzeearenden zijn streng beschermd.

De ranger droeg een stevige leren handschoen, waar de arend aan zat vastgemaakt met een ring en een zogenaamde vlieglijn. Hierdoor had hij genoeg bewegingsvrijheid om zijn vleugels te kunnen uitslaan. Zo was goed te zien dat de enorme spanwijdte de lichaamslengte van de ranger overtrof en hoe indrukwekkend veel kracht deze dieren hebben. Toen hij zijn vleugels uitsloeg, doken de toeschouwers op de eerste rij, onder wie ik, in elkaar; het voelde alsof we naast een passerende trein stonden. De vogel was een wijfje en met een gewicht van zes kilo een derde zwaarder dan een mannetje.

We leerden dat arenden snelheden van vijftig kilometer per uur kunnen halen en dat ze met hun zeer goede ogen een konijntje op drie kilometer afstand kunnen zien. Daarentegen heeft een arend in vergelijking met andere roofvogels een slechte reuk- en bijna geen smaakzin. Hoewel arenden zich voornamelijk voeden met zalm, vangen ze ook andere vogels en zoogdieren.

Wij mensen identificeren ons graag met de arend, omdat we hem veel eigenschappen toeschrijven die wij ook graag willen hebben: kracht, pit, uitstraling, macht en vrijheid. Het is dan ook niet verwonderlijk dat na de leeuw de witkopzeearend wereldwijd het meest gekozen wapendier is. Maar als het aan de Amerikaanse president Benjamin Franklin had gelegen, was de wapenvogel van de Verenigde Staten van Amerika een kalkoen geweest. Franklin was van mening dat de arend een 'slecht karakter' heeft, omdat hij de prooi van kleine roofvogels zou afpakken. De kalkoen was volgens hem daarentegen een echt Amerikaans dier dat door zijn onbevreesdheid, zelfs tegenover de mens, de voorkeur verdiende boven de arend. Het Amerikaanse parlement vond blijkbaar dat de kalkoen niet genoeg uitstraling had. Nu komt de arme stakker elk jaar met Thanksgiving op tafel, terwijl de arend het staatswapen siert.

Bij het culturele avondprogramma van het Alaska Bald Eagle Festival draaide alles – hoe kon het ook anders – om de witkopzeearend. De stam van de Tlingit bestaat uit twee clans, door geboorte bepaald: de clan van de raven en de clan van de arenden. Voor de Tlingit is de arend heilig. Daarom draaiden de dansen die we tijdens het avondprogramma zagen om hun relatie met de grote roofvogel.

'We zijn allemaal met elkaar verbonden. Mijn grootmoeders, tantes, kinderen, arend en wolf,' zei het stamhoofd van de Tlingit 's avonds bij het welkomstwoord tegen de deelnemers.

De belangrijkste gebeurtenis van het arendfestival vond op de laatste dag plaats: de vrijlating van arenden. Vijf gewonde arenden die gedurende de afgelopen maanden waren gevonden en na behandeling in het Anchorage Bird Treatment & Learning Center weer waren genezen, zouden tijdens een ceremonie weer worden vrijgelaten in de wildernis. Feestelijk geklede Tlingit verzamelden zich op een heuvel aan de Chilkat River. Ze stonden in een cirkel om de pick-ups met de transportkisten met de vogels heen. Ze zongen, trommelden en voerden dansen op ter ere van de vogels. Dit trok toeristen en fotografen naar de oever van de rivier.

Toen de eerste arend met een kap op zijn kop uit zijn box werd gehaald, verzette het krachtige dier zich hevig. De stamoudste hield hem met beide armen om hem heen vast, deed de huif van zijn kop en gooide hem onder luid gejuich van het publiek de lucht in. De vogel vloog laag over de grond, cirkelde omhoog en maakte een rondje boven het publiek.

De volgende arend werd ter ere van een gestorven vriend van de hoofdman vrijgelaten. De weduwe van de man had hulp nodig om het zware dier te kunnen tillen. Vlak voordat ze hem in de lucht gooide, probeerde ze de kop van de vogel te kussen. De arend pikte naar haar en zijn messcherpe snavel mistte haar gezicht op een haar na. Dat had nog heel vervelend kunnen aflopen. Daarna werden de overige drie witkopzeearenden vrijgelaten, allemaal onder luid gejuich van de festivalbezoekers.

Elke keer als een arend zijn vleugels spreidde en de lucht in ging, leek ik met hem mee te vliegen. De tranen welden op in mijn ogen door de combinatie van wildheid en vrijheid die ik voelde. Ook de rest van mijn groepje en de meeste toeschouwers hielden het niet droog.

Volgens de overlevering van de Tlingit brengt het geluk als een arend na zijn vrijlating nog een rondje boven de mensen vliegt. Op die avond vlogen alle vijf de arenden hun ereronde.

De volgende dag reden we met de huurauto via Haines Junction en Whitehorse langs nationaal park Kluane naar Skagway.

Aanvankelijk was de straat vanwege de sneeuw afgesloten, een situatie waar in het Hoge Noorden altijd rekening mee gehouden moet worden. Toen klaarde het op. Hoewel ik in al die jaren dat ik in Alaska reisde nooit zoveel wilde dieren heb gezien als in Yellowstone (wat geen wonder is, want in Alaska wordt op ze gejaagd), kwam er plotseling voor ons op de weg een coyote opduiken. Even later kruiste een wolf ons pad en niet veel later maakten we een vrouwtjeseland en haar jong aan het schrikken. Samen galoppeerden ze langs onze auto, waarna ze afbogen en in de struiken verdwenen.

De rit over de besneeuwde pas naar Skagway was een wintersprookje met plaatjes die stuk voor stuk geschikt waren voor een kerstkaart. We kwamen ogen tekort voor al dat natuurschoon.

Na mijn terugkeer uit Alaska had ik langer nodig dan gebruikelijk om weer te wennen aan mijn leven thuis. Mijn gedachten dwaalden steeds weer af naar de walvissen en arenden. Het drong maar langzaam tot me door wat ik eigenlijk had meegemaakt en ik probeerde te begrijpen wat dat met me deed. Ik was chagrijnig en verward. In een tijdsbestek van een paar dagen had ik me midden in een groep van honderd walvissen en tussen vierduizend arenden bevonden. Alleen die aantallen al gaan het menselijk verstand eigenlijk te boven. Een normaal mens is gelukkig als hij een of twee van die dieren ziet. Zoveel overvloed...

Het leek alsof er een goddelijke hoorn des overvloeds over me uitgestort was. In Alaska werden mijn hersenen nog te veel in beslag genomen door de dagelijkse organisatie die op mij als reisleider rustte. Komen we op tijd voor de pont? Wat zijn de weersverwachtingen? Waar gaan we 's avonds eten? Zal iedereen het naar zijn zin hebben? Mijn lichaam zat vol adrenaline. Ik moest eerst helemaal leeg worden om weer te kunnen genieten. Ik had mijn zintuigen 'afgesloten', omdat ik bang was anders door te draaien. Pas toen ik thuis weer tot rust was gekomen, kwamen de beelden weer in mijn herinnering opduiken. Maar ik miste dat 'wauw'-gevoel. Waar was mijn verbazing gebleven? Waren de ervaringen met de walvissen en arenden te groots voor mijn geest? Ging het mijn bevattingsvermogen te boven? Kon het zijn dat ik overweldigd was door die oneindige hoeveelheid dieren? Dat die ene walvis in Maine me meer raakte dan die honderd in Alaska? Ik heb in mijn leven al heel wat grote groepen dieren gezien: wolfsroedels, bizon- en kariboekuddes, arenden en nu ook walvissen. Waarom had ik opeens geen plek meer voor verbazing, eerbied en verwondering? Het maakte me verdrietig.

Ik verlangde ernaar weer kind te zijn, met grote ogen van verbazing en opwinding naar de wereld te kunnen kijken. Een kind vraagt niet waarom de dingen zijn zoals ze zijn, maar heeft eerbied voor het leven en bekijkt het met onschuld, puurheid en nieuwsgierigheid. Als volwassene zijn we soms zo met andere dingen bezig, worden we zo opgeslokt door onze alledaagse beslommeringen, dat we niet meer kunnen genieten van het moment en ons gevoel voor verwondering kwijtraken.

Technisch gezien is verbazing een emotie die we ervaren wanneer een zinnenprikkel de limbische schakelcircuits in onze hersenen voor nieuwe en vergaande uitdagingen stelt. Verbazing heeft een heel speelse eigenschap die ervoor zorgt dat we heel zinvol en onbezorgd bij iets stil blijven staan. Het is een warm, positief gevoel en we krijgen de indruk dat de tijd langzamer gaat. Verbazing is de enige emotie die eerder aanzet tot inactiviteit dan tot handelen en die ons uit onze beperkte egocentrische wereld haalt. Door een ervaring die ons verbaast, voelen we ons kleiner. Niet onbeduidend, maar kleiner in die zin dat we een deel van een groter geheel zijn. Je kunt in de natuur over iets verbazingwekkends struikelen en het toch niet zien, omdat je er niet voor openstaat. Daarom beleven we als volwassene zo zelden een wonder. Voor een kind is het wonder een raket die je in de baan om planeet Nieuwsgierigheid brengt, waar alles een gelegenheid is om iets te leren. Op volwassen leeftijd is het een aardende kracht.

Ik wilde mijn verbazing terugvinden door een trucje uit te proberen. Ik verkleinde de wereld van de honderd walvissen in al haar geweldige pracht tot dat ene oog van die walvis in Maine.

De blik van een ander dier kan van grote invloed op ons zijn. Het oog van die walvis bracht mijn zelfbewustzijn aan het wankelen. Ik keek in een wereld waarin ik als mens niet van betekenis was. Al was ik nog zo graag een 'band' aangegaan met die walvis, hij was daar niet in geïnteresseerd; hij was alleen maar nieuwsgierig. Het feit dat ik niets kon dóén, geen controle had over dat dier, maakte me zeer deemoedig.

We kunnen allemaal leren om ons weer te verbazen als kinderen en de schoonheid van de wereld bewuster waar te nemen – door de natuur. Daar hebben we geen honderd walvissen of duizend arenden voor nodig. We hebben noch een Himalaya, noch een oneindige oceaan nodig. We kunnen ons verbazen over de kleine dingen in het leven. Over de libel die van huid wisselt, de vogel die een nestje bouwt. Een wandeling over een weide, toekijken hoe mieren aan het werk zijn of de aanblik van een regenboog zijn een begin. Ik heb mezelf gezworen nooit onverschillig te worden tegenover de wonderen van de natuur.

Er zijn veel momenten waarop we ons vol eerbied verbazen. Ik hou van alle natuurfenomenen en natuurverschijnselen. Elke aangekondigde maans- of zonsverduistering schrijf ik groot in mijn agenda en ik probeer alles zo te plannen dat ik die ook kan meemaken. Bovenaan mijn 'hitlijst van de natuur' staat het noorderlicht, waardoor mijn kijk op het universum telkens weer wordt bijgesteld.

Het noorderlicht: op mij kunnen die mystieke gordijnen van licht een echt verslavend effect hebben. De technische verklaring is minder romantisch: poollichten ontstaan door elektrisch geladen deeltjes van de zon die in de aardatmosfeer terechtkomen en met andere deeltjes botsen. Om de elf jaar bereikt de zonnevlekcyclus zijn hoogste activiteit en ontstaan er lichten die de lijnen van het aardmagnetisch veld volgen. Ze wervelen door elkaar en komen samen waardoor het lijkt alsof ze dansen. Daarom worden ze elders ook wel *merry dancers* genoemd.

Ik heb die vrolijke dansers overal in het noorden gezien, ook weleens in Duitsland en zelfs een keer in mijn eigen woonplaats, in een jaar waarin er veel en sterke activiteit op de zon was. Meestal begon het met een groenige lichtboog. Daarna dartelden steeds meer verschillende vormen langs de hemel: witte 'zoeklichten' achter de horizon, dansende golven recht boven me of zinderende bloedrode bloemen die langzaam ontloken.

Ik herinner me een ijskoude winternacht in Minnesota toen ik getuige was van een paar uiterst kleurrijke poollichten. In de voorafgaande nachten werden ze al aangekondigd door bleekgroene sluiers. Daarom besloot ik de nacht buiten door te brengen. Ik legde een warme onderlaag in de sneeuw, daarop mijn dikke slaapzak en ik trok warme kleren aan, inclusief muts en handschoenen. Ik was al snel in slaap gevallen – tot een merkwaardig gevoel me wekte: de lucht knetterde. Ik keek omhoog en zag dat het gordijn voor het hemeltheater werd opgetrokken. Groene sluiers dansten en kwamen samen met roze vormen, geheimzinnig en voortdurend veranderend. Wervelende gele en paarse lichten vulden de hemel om vervolgens te verbleken en plaats te maken voor de volgende golf. Verticaal zwevende strepen kwamen flonkerend dichterbij of draaiden rondjes. Ik lag in mijn slaapzak te midden van dit spookachtige verschijnsel en probeerde de kleurendans in me op te zuigen om hem nooit meer te vergeten. Sinds deze ervaring ben ik verslaafd aan het poollicht en ik zou om dit wonder zelfs zo naar het Hoge Noorden kunnen verhuizen.

Tijdens mijn rechtenstudie werkte ik in de collegevrije perioden als *onboard* tolk voor Northwest Airlines. Het was mijn taak mededelingen in het Duits en Frans om te roepen en te vertalen als een buitenlandse passagier een vraag had. Omdat ik niet mocht helpen bij andere servicetaken, waren de meeste trans-Atlantische vluchten ronduit saai. Er waren echter twee gebeurtenissen waar ik me op kon verheugen, maar die kwamen maar zelden voor.

De eerste was de route over Groenland. Dat eiland is maar zelden zonder wolken te zien. Des te mooier is het als je een keer wel de gelegenheid hebt een blik te werpen op de glanzend witte gletsjers en de ijsbergen in de diepblauwe zee. Op een zekere dag was dit het geval. Ik wist aan de hand van de geplande route en de weersverwachtingen dat we een geweldig uitzicht zouden krijgen. Mijn diensttaak zat erop, ik zat gekluisterd aan het raampje en zag in de verte de eerste ijsbergen opduiken, toen de crew de raamluikjes voor de neuzen van de passagiers naar beneden deed. Ik schoof mijn luikje weer omhoog, waarop de steward het weer naar beneden trok.

'De passagiers willen de film zien, dan moet het donker zijn.'

'Maar daaronder ligt Groenland!' zei ik verontwaardigd.

'Zij willen film kijken.'

Ik was furieus, greep de microfoon en sprak op eigen houtje een mededeling in. 'Geachte dames en heren, we vliegen momenteel via een heel zeldzame route recht boven Groenland en hebben een fantastisch uitzicht. Kijkt u maar eens uit het raampje.' Direct gingen overal de luikjes omhoog. Mijn collega's waren boos op me, maar de hoofdstewardess zette wel de film op pauze. De glimlach op de gezichten van de passagiers vond ik genoeg compensatie voor de reprimande die ik na de landing van de crew kreeg.

Een andere keer vloog ik mee op een nachtvlucht van Boston naar Frankfurt. Ik had eerst in de cockpit gezeten en had aan de horizon noorderlicht gezien. Toen ik de captain vroeg of ik dat via de microfoon mocht melden, stond hij dat niet toe. Dat mocht niet omdat al slapende passagiers niet gestoord mochten worden. Weer was ik verbijsterd, en deze keer vlogen we ook nog eens midden in het poollicht. Dus ik liet opnieuw een staaltje burgerlijke ongehoorzaamheid zien door in de cabine de passagiers die niet sliepen en alleen maar een film keken of zaten te lezen direct aan te spreken: 'Als u iets fantastisch wilt zien, moet u nu uw raamluikje omhoogdoen.'

In de eerste klasse zaten de Amerikaanse actrice en tegenwoordige klimaatactiviste Jane Fonda en haar broer Peter. De crew zag met ontzetting dat ik Jane aansprak en haar op het natuurverschijnsel wees. Die maakte op haar beurt Peter wakker, waarna de twee me bedankten.

De eerbied voor zulke natuurverschijnselen geldt als de sterkste emotie van allemaal en als een van de positieve kernemoties naast vreugde, tevredenheid, trots en liefde. We kunnen er steil van achteroverslaan en willen deze emotie delen met anderen. Je samen over iets verbazen verstevigt emotionele banden en werkt stressverminderend.

Er zijn zoveel mooie, betoverende momenten in de natuur: het oog van een walvis, de kleurendans van het noorderlicht, of – zoals astronauten het altijd omschrijven – de blik vanuit het heelal op onze blauwe planeet. Dat zijn de ogenblikken waarop we eerbiedig en sprakeloos van verbazing worden. Ze zijn een geschenk dat ons hart opent en ons voor altijd kan veranderen.

BRIGHT ANG
TRAIL
RIM TRAIL

WOLF PARK
Staff

STILLE DAGEN IN DE GRAND CANYON

Op 20 februari, een dag voor mijn vijftigste verjaardag, stond ik bij de South Rim van de Grand Canyon en keek naar een van de grootste natuurwonderen ter wereld. Daarbeneden, in die diepe kloof, wilde ik de volgende ochtend gaan wandelen en een hele week blijven. Mijn hart maakte een sprongetje van blijdschap.

Ik kende de Grand Canyon, had hem al talloze keren bezocht als toerist en als reisleider. Een paar keer was ik de kloof een stuk in gelopen, tot het eerste plateau, Indian Garden, en dan weer terug. Op een gegeven moment nam ik deel aan een driedaagse workshop Inner Canyon Photography van het Grand Canyon Field Institute. Door de tijd die ik toen op de camping aan de Colorado River doorbracht, voelde ik de drang om nog een keer terug te keren om het magische van die plek langer en intenser te kunnen beleven. En welk moment was nu geschikter dan de dag waarop ik een halve eeuw oud werd, wat in vergelijking met de bijna twee miljard jaar oude kloof toch een heel bescheiden leeftijd is.

Het is echter niet zo dat je gewoon maar even in de Grand Canyon kunt gaan wandelen. Mijn plan moest zorgvuldig worden voorbereid. Ik had een vergunning nodig van het National Park en een reservering voor de Phantom Ranch, afgezien van de camping de enige overnachtingsmogelijkheid in de Canyon. Voor het boeken van een bed of huisje moet je een lange adem hebben en vervolgens heel snel zijn. Reserveren kan vanaf precies twee jaar voor je gewenste reisperiode. Ik had thuis in Duitsland speciaal mijn wekker op middernacht gezet zodat ik precies op tijd kon bellen. Toen ik na veertig minuten lang telkens opnieuw de nummerherhaaltoets indrukken een huisje had weten te bemachtigen, voelde het alsof ik de loterij had gewonnen. (Het telefonische reserveringssysteem werkt tegenwoordig trouwens niet meer. Sinds 2017 worden de slaapgelegenheden op de Phantom Ranch alleen nog maar online verloot.) Dat was dus gelukt. Ik zou mijn vijftigste verjaardag gaan doorbrengen in de Grand Canyon.

Twee jaar later vloog ik naar Flagstaff en vervolgens verder naar Williams aan de Route 66. Ik had besloten er een stressvrije en nostalgische reis van te maken, geheel in overeenstemming met mijn gevorderde leeftijd, en had een treinreis met de Grand Canyon Railway geboekt van Williams direct naar de South Rim. Die historische treinlijn was pas sinds kort weer in bedrijf genomen en moest bijdragen aan een vermindering van de toenemende verkeersdrukte en luchtvervuiling.

Ik overnachtte in het Fray Marcos Hotel bij het station. Met een *shoot-out* op het perron – een nagespeelde schietpartij tussen boeven en sheriffs – werd in de vroege ochtend ook de laatste langslaper zijn bed uit gejaagd en herinnerd aan het vertrek van de trein.

Het treinpersoneel stond met witte handschoenen de passagiers op te wachten en nadat iedereen was ingestapt, zette de stoomlocomotief, terwijl de machinist '*All aboard!*' riep, zich puffend en sissend in beweging.

Door de zachte stoelen, het dikke tapijt en de houten betimmering in de naar het origineel gerestaureerde Harriman-wagon uit 1923 waande ik me in vroegere tijden. Toen ik op het buitenplatform van de achterste wagon ging staan, verwachtte ik dat elk moment een bende bandieten aan de horizon kon opduiken die het 'ijzeren paard' ging overvallen.

Ondertussen serveerde Ginnie, onze treinstewardess, een ontbijt van muffins, koffie en vers fruit op porseleinen bordjes met zilverbestek. De spoorwegmaatschappij deed alle moeite om het de passagiers naar hun zin te maken. Regelmatig dook Buck de zingende cowboy op om 'Home on the Range' ten gehore te brengen. Toen hij aan het loflied op de 'Chattanooga Choo Choo' was begonnen, zongen uiteindelijk ook de laatste passagiers breed glimlachend mee.

Mijn blik werd telkens weer naar buiten getrokken en ik genoot van het vertrouwde landschap van noordelijk Arizona dat aan ons voorbijtrok. Een ouder echtpaar vroeg me wanneer nu eindelijk de Grand Canyon te zien zou zijn. Ik legde uit dat ze nog geduld moesten hebben tot we in Grand Canyon Village waren aangekomen.

Wat deze unieke kloof extra bijzonder maakt, is dat niemand die er voor het eerst komt voorbereid is op de eerste aanblik, of je nu met de auto of te voet aankomt. Bij een bergtocht zie je je doel doorgaans al van verre. De tocht naar boven verloopt over meerdere niveaus. Bij de Grand Canyon niet. Je rijdt over een vlak plateau, begroeid met woestijnsalie en dennen, en dan opeens, vlak voor je voeten, opent de aarde zich, alsof ze verveeld aan het gapen is. Het lijkt een bergketen die ondersteboven ligt, vierhonderdvijftig kilometer lang, dertig kilometer breed en zestienhonderd meter diep.

Deze aanblik is zo verrassend spectaculair dat ik als reisleider graag een grapje uithaalde met mijn gasten, dat het 'wauw-effect' nog eens extra versterkte. Het eerste uitzichtpunt waar je met de auto komt is Mather Point. Hier steekt een platform – beveiligd met een ijzeren hek – uit boven de Grand Canyon, waardoor je een grandioos uitzicht hebt over dat natuurwonder. Als ik dan de parkeerplaats naderde, beloofde ik een gratis avondmaaltijd voor degene die als eerste de Grand Canyon zag. 'Kijk naar links, daar ergens is hij!' Terwijl iedereen geconcentreerd naar links keek, reed ik tot vlak voor Mather Point – maar dat was aan de réchterkant. Als de eerste gast zijn hoofd omdraaide en opgewonden 'Daar! Rechts! Rechts! Wauw!' riep, was ik elke keer weer ontroerd door de eerbiedige verbazing en het enthousiasme van mijn reisgenoten. Dat is het Grand Canyon-effect.

Maar ik ben ook wel getuige geweest van een andere reactie op deze eerste indruk, waar ik alleen nog maar mijn hoofd om kon schudden. Ik stond bij Mather Point toen een stationwagon de parkeerplaats op reed en de portieren openvlogen. Een moeder en drie kinderen sprongen eruit en renden naar het platform vooraan. Ze leken allemaal enorm onder de indruk. Ondertussen was de vader druk bezig met zijn smartphone. Hij stond iets verderop en filmde en fotografeerde zijn gezin en de Canyon van boven tot onder, tot hij er blijkbaar genoeg van had. Hij draaide zich plots om en liep met haastige stappen terug naar de auto.

'Oké, allemaal terug naar de auto!' riep hij, terwijl hij op zijn horloge keek. Er waren hooguit vijf minuten verstreken. Zijn stem klonk nu gejaagd.

'Maar, papa,' protesteerde een van de kinderen. 'We zijn toch nog maar net hier aangekomen.'

'Geen probleem,' klonk het antwoord. 'Ik heb alles vastgelegd, dan kunnen jullie ernaar kijken als we weer thuis zijn.'

'Schiet op,' voegde de moeder eraan toe. 'We moeten vandaag nog twee andere parken bekijken.'

Bijna twee miljard jaar aan aardgeschiedenis: gefotografeerd, opgeslagen en afgevinkt. Mens en natuur. Zolang wij de natuur alleen maar door een autoruit of op het schermpje van onze smartphone ervaren, zullen we nooit weten wat het betekent om er deel van uit te maken.

De treinrit eindigde veel te snel bij het in 1901 uit ontzettend grote bomen opgebouwde Grand Canyon Depot – een National Historic Landmark[18] – op slechts vijftig meter van de rand van de Canyon en de historische Bright Angel Lodge. Daar had ik voor de eerste nacht een kamer gereserveerd om te acclimatiseren. Ik had immers een zware wandeltocht voor de boeg: een hoogteverschil van zestienhonderd meter en vijf klimaatzones; naar beneden een looptijd van zeven uur en een uur of tien, twaalf weer naar boven.

Ik checkte in en bracht mijn bagage naar de kamer. Een magische kracht trok me naar de rand van de Canyon, de South Rim. Twee jaar was ik er niet geweest. Ik had hem gemist. Hoewel zijn aanblik me vertrouwd was, was ik ook deze keer weer met stomheid geslagen. Ik liep een stuk de *rim trail* af tot er geen mensen meer waren, waar ik op een granietrots ging zitten. Ik snoof de droge Arizona-lucht diep in me op. Het rook naar een melange van woestijnalsem en naderende sneeuw.

Geen auteur kan de Grand Canyon adequaat beschrijven, geen kunstenaar kan hem ooit getrouw uitbeelden. Hij laat zich niet grijpen. In zijn verheven onmetelijkheid is hij niet alleen uniek, maar ook universeel. Die gigantische kloof is voor de natuur wat de mensheid voor ons is: de som van alle aspecten, samengebracht in één uniek, geweldig geheel. Het is de schepping op zich.

Wat is zo aantrekkelijk aan dit 'gat', zoals Ken, die onze fotoworkshop gaf, de Canyon liefdevol noemde?

Ik liet mijn blik ronddwalen en ontdekte heel wat vormen die me bekend voorkwamen: hoge bergtoppen en hele bergen die oprijzen uit de diepten. Er waren reusachtig grote hoogvlakten, platte tafelgebergten, heuvels en monolieten. Ik zat naar een decor te kijken, alsof goden voor hun plezier piramides, tempels en kastelen hadden zitten bouwen. Ze hadden kantelen, puntdaken, zuilen en torens uitgesneden, bruggen geslagen, bochtige wegen aangelegd en terrassen, balkons en balustrades ontworpen.

Het was al laat geworden. De zon naderde de horizon en het beginnende kleurenspektakel veroorzaakte een ware volksverhuizing onder de toeristen en fotografen. De kleurnuances waren eerst nog ingetogen als zacht pastel. Maar naarmate de zon verder zakte, verdiepte het geel naar oranje, zalmroze naar rood, groen en blauwgrijs naar pruimen- en seringblauw naar paars. Er klonk een voortdurend zacht geroezemoes van de toeristen, afgewisseld door het geklik van fototoestellen en verwonderd zwijgen.

Het menselijk leven is veel te kort om alle oneindige variaties in vorm en kleur van de rotsen van de Grand Canyon te kunnen zien. Ze veranderen met de jaargetijden, elk uur en met elke wisseling van licht en weer.

Als reisleider had ik de Grand Canyon standaard op het programma van elke Amerika-reis staan. En natuurlijk hoorde een zonsopkomst of -ondergang er dan bij. In de tijd van de analoge fotografie hielden mijn gasten wedstrijdjes wie de meeste filmrolletjes had volgeschoten bij dit spektakel.

Het mooiste blijft voor mij echter het schouwspel in de winter, wanneer de plateaus na zware sneeuwval wit zijn en elke tak met ijskristallen bedekt is. Diep onder in deze winterse omlijsting straalt de Canyon warmte uit.

Een bijzondere ervaring is het ook als de kloof in de mist ligt en er alleen maar een paar kleine roestbruine torentjes boven het wolkendek uitsteken. Zo'n magische mistdag heeft er een keer voor gezorgd dat er een klacht over mij werd ingediend bij de reisorganisatie. 'Mevrouw Radinger heeft niet voor vrij zicht gezorgd.' Het speet mevrouw Radinger heel erg.

Toen ik weer op mijn kamer was, begon ik me voor te bereiden op de volgende dag. In tegenstelling tot de fotoworkshop van twee jaar eerder, waarbij muilezels onze tenten en bagage de kloof in droegen, was ik deze keer mijn eigen pakezel. Daarom was het belangrijk dat ik zoveel als nodig, maar ook zo min mogelijk inpakte. Als je je hele uitrusting zelf moet dragen, worden de dingen die je eerst belangrijk leken een stuk minder belangrijk.

Voor de wandeltocht had ik proviand en water nodig. Ik maakte mijn eigen trailmix door gezouten pinda's, M&M's, rozijnen en chocoladechips door elkaar te mengen. Het geheel verdeelde ik in twee porties, een voor de heen- en een voor de terugweg. Daarnaast pakte ik mueslirepen, appels, wortels, gedroogd rundvlees (beef jerky) en drie liter water in voor de afdaling.

Voor het verblijf op de ranch deed ik twee T-shirts, ondergoed, een tandenborstel, tandpasta en zeep – biologisch afbreekbaar – in mijn rugzak. Mijn nooduitrusting bestond uit een zaklamp, die ik eventueel op mijn voorhoofd kon dragen (er is 's nachts geen lichtbron in de Canyon), een Zwitsers zakmes, een EHBO-doosje, een fluitje en een noodkit voor slangenbeten. In zo'n klein, felgeel of oranje plastic doosje zit een afbindslang, een zuigpomp met twee opzetstukken in verschillende maten, alcoholdoekjes en verband voor het afdekken van de beet. Voor de zekerheid gooide ik nog magnesiumtabletten tegen de te verwachten spierpijn in mijn rugzak. Mijn dagboek wilde ik in geen geval achterlaten en om iets te lezen te hebben nam ik een pocketboek mee, dat ik na afloop op de ranch wilde achterlaten. Toen was ik op alles voorbereid.

De volgende morgen was het weer perfect: geen wolkje aan de lucht en met min vijf graden Celsius de ideale starttemperatuur voor een zware wandeltocht.

De shuttlebus zette me precies om acht uur bij het beginpunt en de toegang tot de South Kaibab Trail af. Met het oog op de ijslaag die over het hele pad lag, deed ik spikes onder mijn schoenen. De draagriem met mijn camera en twee flessen water deed ik om mijn middel zodat ik die voor het grijpen had, ik bond mijn rugzak om, paste de heupgordel aan, deed een hoofdband om en handschoenen aan en pakte mijn wandelstokken stevig vast. Nog snel een schietgebedje voor een veilige afdaling en toen ging ik zachtjes '*Happy Birthday to me*' neuriënd op pad.

Na ongeveer een uur kwam de zon op boven de rotsen en begon weer het spektakel dat ik de avond ervoor had gezien, maar nu andersom. Het hele ravijn leek omhoog te komen, centimeter na centimeter naar het licht toe. De verfpot kantelde en liep over. De kleuren dropen van de wanden en kwamen onderaan in plasjes bij elkaar.

'Hi!' Een stem verbrak mijn betovering. Daarop volgde een 'oeps' en kwam er een jongen op gymschoenen (!) het pad af geglibberd, waarop het ijs net begon te ontdooien. Hij was een student uit Phoenix die 'gewoon eventjes' als ochtendsport naar de Colorado en weer terug wilde lopen. Toen ik hem vertelde dat ik een week beneden zou blijven, vond hij dat 'cool', om het volgende moment alweer haastig verder te gaan. Hij was een van de vijf hardlopers die me voorbijkwamen. Eigenlijk had ik een beetje medelijden met hen, omdat ze niet de tijd namen om naar de schoonheid van het landschap te kijken. Maar als ze net als ik telkens stil bleven staan, zouden ze het niet redden om diezelfde dag nog weer terug te komen.

De voorgaande avond had ik bij het *backcountry office* de geplande begin- en eindtijd van mijn wandeltocht moeten doorgeven. 'Pauzeer elk uur minstens vijf minuten en om de twee tot drie uur een langere periode om iets te eten. En vergeet niet veel te drinken,' had de ranger me op het hart gedrukt. Dat advies volgde ik braaf op, want de gevolgen van uitdroging had ik al een keer aan den lijve ondervonden toen ik een reis in Death Valley in de staat Nevada maakte: diarree en een flauwte. Daartegen helpt alleen veel drinken. Je vergeet snel dat je je op de South Rim op een hoogte van tweeëntwintighonderd meter bevindt.

De South Kaibab Trail is circa vier kilometer korter, maar wel veel steiler dan de Bright Angel Trail, die ik op de terugweg wilde nemen. Ik moest vrijwel de hele tijd langs twintig tot vijftig centimeter hoge geërodeerde rotstreden naar beneden klauteren. Dat vergde al mijn aandacht. Zonder wandelstokken had ik het nauwelijks volgehouden, vooral ook door die rugzak van twintig kilo. Om de verbruikte energie weer een beetje aan te vullen, bleef ik geregeld stilstaan om iets te drinken, een muesli reep te eten of om gewoon iets te fotograferen. Daarbij hield ik me aan het advies van Ken tijdens de workshop Inner Canyon Photography: 'Jullie moeten bij de kloof naar binnen gericht fotograferen en geen plateau met lucht. Dat is een beginnersfout en maakt jullie foto's plat. De diepte van de Canyon krijg je als je recht naar binnen gericht fotografeert.'

Nadat de zon hoger aan de hemel was komen te staan en op het pad scheen, stegen de temperaturen. Geleidelijk kon ik steeds meer van mijn warme kleren uitdoen. In de zomer is de South Kaibab Trail heel gevaarlijk, omdat er nergens schaduw is.

Na elke bocht in het pad verscheen er weer een nieuw wondermooi decor dat me uitnodigde verder te gaan. Je ziet een plek niet echt zolang je er niet doorheen bent gelopen, vanaf hoeveel uitkijkpunten je die ook maar hebt bekeken.

Op mijn tocht naar beneden ben ik drie keer muilezels tegengekomen, die afval van de Phantom Ranch naar boven of levensmiddelen en toeristen naar beneden brachten. De bescheiden dieren zijn veel zekerder ter been dan paarden en kunnen goed tegen de hitte. Toen ik de muilezels en ezels zag zweten, besloot ik zelfs het kleinste kruimeltje afval zelf weer mee naar boven te nemen. Die dieren hoefden naast het afval van de ranch en de camping niet ook nog eens mijn persoonlijke troep naar boven te slepen. Dat is trouwens verplicht voor alle Canyon-hikers. Op de ranch zijn geen afvalbakken.

Om elf uur pauzeerde ik wat langer en zat ik net van mijn zoute gedroogde salami, noten en M&M's te eten, toen er twee cowboys met zwaarbepakte ezels in mijn richting kwamen gelopen. Op het smalle pad waren de dieren met dunne touwen achter elkaar vastgebonden, vermoedelijk om te voorkomen dat, mocht er een ezel vallen, ze niet allemaal mee de afgrond in getrokken werden.

Een van de ezels werd onrustig, legde zijn oren plat en begon te trappelen. Ik vreesde dat hij van de helling ging vallen, maar hij had zichzelf gauw weer onder controle. De achterste ezel bleef gewoon staan. Daarbij ging het touw naar de andere dieren los. Ondanks mijn panische angst voor paarden reageerde ik voor mijn doen echt heldhaftig. Dapper pakte ik de teugel vast en leidde het dier terug naar een van de cowboys.

'*Thanks ma'am.*' Hij tikte met twee vingers tegen de rand van zijn hoed en vervolgde zijn weg. Daarna merkte ik pas hoe erg mijn knieën trilden.

Ik moest gewoon wat meer vertrouwen hebben in de muilezels en ezels van de Grand Canyon, die dag in dag uit met vaste gang hun zware werk verrichten. Met toeristen op hun rug die wel heel veel overgewicht hadden, leken ze soms extra dicht langs de afgrond te lopen, waar die toeristen steevast met een schrille kreet van schrik op reageerden.

Ezels – dat zijn de dieren die het nuttigst zijn voor de mens en die dicht bij de mens staan, nog dichterbij dan de hond. Miljoenen ezels voeren zwaar werk uit, ze slepen, dragen, ploegen en trekken. Ze zijn tractor, bezorgwagen, gezinswagen en bediende – en ze zijn uitstekende beschermers van schapen tegen roofdieren. Helaas wordt hun bedaardheid en goedheid vaak misbruikt en worden ze mishandeld. Hoe ondankbaar zijn we tegenover deze dieren voor al die diensten die ze ons verlenen?

Op mijn verdere weg naar beneden werd ik door een aantal andere wandelaars ingehaald. Enkelen namen de tijd voor een praatje, de meesten gaven echter de voorkeur aan de eenzaamheid. Een kort 'Hi!', een glimlach en dan weer verder. Iedereen had genoeg aan zichzelf.

Op de rest van de afdaling in de kloof was de derde dimensie van de Canyon goed te merken: de ongelooflijke diepte. Zestienhonderd meter vanaf de South Rim naar beneden, vanaf de North Rim is het nog driehonderd meter meer. Tot de bodem van de Grand Canyon kwam ik door vijf klimaatzones. Dat kwam overeen met een tocht van Centraal-Mexico naar Noord-Canada, van de sneeuw op de Rim naar subtropisch weer beneden bij de Colorado River. Door alle zones van het plantenleven, van de mesquites van de Sonora-woestijn tot de Canadese ratelpopulieren.

De Canyon groeit verder in de lengte en de breedte, terwijl de rivier steeds dieper in het gesteente graaft. Zijn welhaast onmetelijke grootte neemt toe. Maar deze dimensies vormen slechts een kader. De Grand Canyon is als drugs: hoe meer je ervan neemt, hoe meer je wilt. Op mijn trektocht heb ik eenzame wandelaars ontmoet die steeds maar weer terugkomen naar het 'gat'. Ze worden daar vastgehouden door de ondefinieerbare, dwingende fascinatie die van de Canyon uitgaat.

Tegen twee uur 's middags stak ik de Kaibab-hangbrug over, die over de Colorado gaat. Een ranger controleerde mijn reservering. Toen stond ik op de bodem van de Grand Canyon en keek aandachtig toe hoe de roodbruine Colorado rustig voortstroomde. Ik had het gehaald en het eerste deel van mijn verjaardagswens was in vervulling gegaan. Nu hoefde ik alleen nog maar over een paar dagen ook weer levend boven zien te verschijnen.

De Phantom Ranch ligt in een groen zijdal van de Grand Canyon aan de Bright Angel Creek, door wilgen en populieren beschermd tegen de zomerse hitte. De blokhutten en de lodge uit 1922 brengen de gasten terug naar een andere tijd. Het geklepper van de ezelshoeven op de trail, het zachte mompelen van de cowboys wanneer ze de zware rugtassen van de dieren trekken. Mens en dier zijn een eeuwenoude eenheid.

De gasten worden ondergebracht in vier *dormitories* (slaapzalen) met elk tien stapelbedden, mannen en vrouwen streng gescheiden. Daarnaast zijn er twee douchegebouwtjes en enkele kleine blokhutten. Ik had me de luxe gegund van zo'n *cabin* voor mezelf. De inrichting bestond uit twee stapelbedden, een eenvoudige houten tafel met stoel, een wastafel met stromend koud water en een kleine wc in een kast (!).

Ik ging op een bankje voor mijn cabin zitten, strekte mijn pijnlijke benen voor me uit en genoot van de laatste zonnestralen. De thermometer op het hoofdgebouw van de ranch had bij mijn aankomst twintig graden Celsius aangegeven. Toen de hutten in de schaduw kwamen te liggen, werd het snel koeler. Bovenaan de Rim scheen de zon nog. Daar speelde het normale leven zich af. Het was een surrealistisch, ongrijpbaar gevoel.

Het luiden van de eetbel deed me opschrikken uit mijn gedachten. Ik ging naar de eetzaal in het hoofdgebouw van de lodge. Er werd in twee shifts aan lange tafels en op vaste tijden gegeten: avondeten om vijf uur en halfzeven, ontbijt om halfzes en halfzeven. Op tijd zijn was verplicht. Wie te laat was, kwam voor een dichte deur te staan. Alle maaltijden dienden bij aankomst te worden gereserveerd. Het menu is het hele jaar door hetzelfde: de ene dag een eenpansgerecht met rundvlees, de volgende dag steak, daarnaast elke dag een vegetarisch gerecht. Alleen met Kerstmis droegen de muilezels diepvrieskalkoenen naar de ranch. Het was lastig geweest om bij mijn reservering te beslissen wat ik twee jaar later graag wilde eten. Maar dat maakte me nu helemaal niets meer uit. Als het maar veel en calorierijk was.

Het eten stond in grote schalen op de tafels, met salade, groente en maïsbrood als bijgerecht. Alcohol was taboe; in plaats daarvan waren er ijsthee, ijswater en koffie om ons te verkwikken. Als toetje was er chocoladetaart (altijd). Als je hier meer dan een paar dagen bleef, kon het eten dus wel eentonig worden. Ook het ontbijt was altijd hetzelfde: eieren met spek, pannenkoeken en perziken uit blik.

Bij het avondeten kregen we een zitplaats toegewezen – elke dag naast andere wandelaars, zelfs stellen werden gesplitst. Hierdoor dienden we elkaar beter te leren kennen. We waren een groep onbekenden, maar één ding hadden we gemeen: het wandelen.

Gemompel in diverse talen en Engels met verschillende accenten steeg uit boven het drukke geklepper van bestek. De meeste mensen waren van middelbare leeftijd. De jongeren behoorden waarschijnlijk eerder bij de categorie die ik in het begin was tegengekomen: Canyon in en Canyon weer uit. Of ze gaven er de voorkeur aan om op de camping te overnachten. Er waren onder de oudere wandelaars personen die eruitzagen of ze zo'n lastige tocht niet zouden aankunnen, maar daar moest je je niet in vergissen. De redenen waarom ze rondtrokken in de Grand Canyon waren net zo verschillend als hun persoonlijkheden. Veel van hen gebruikten het avontuur als graadmeter voor hun strijd tegen de ouderdom of als vlucht voor problemen in hun leven. Anderen genoten van de schoonheid en vrede in de diepte.

Leslie, een vijfenveertigjarige fysiotherapeut uit Massachusetts, was op zoek naar zichzelf. 'Ik kan me een jonge vrouw vol nieuwsgierigheid en levensvreugde herinneren, maar dat was niet de vrouw die me onlangs in de spiegel aankeek,' zei ze tijdens het eten tegen me. Deze tocht moest haar helpen persoonlijke beslissingen te nemen. Aanvankelijk hadden een paar vriendinnen met haar mee willen gaan, maar toen ze haar uiteindelijke plan hoorden, was toch de een na de ander met een smoesje afgehaakt.

De achtenvijftigjarige Peggy was vicepresident van een bank in Columbus, Ohio. Bij haar was het ongeveer net zo gegaan als bij Leslie. Peggy vertelde over haar baan, burn-out en de noodzaak om nieuwe grenzen in haar leven te definiëren. Ze had haar man een boek met de titel *Elk jaar een avontuur* gegeven voor zijn zestigste verjaardag. Bill had avontuur nummer één gekozen, de Grand Canyon.

'Ik weet niet of dat wel zo'n goed idee was,' zei de stevig gebouwde man, waarbij hij zijn ogen naar boven draaide. 'We zijn twee dagen geleden hier aangekomen en mijn vrouw wil elke dag weer een wandeling maken.'

Peggy glimlachte naar hem en pakte zijn hand vast. 'Ik kan er gewoon geen genoeg van krijgen.'

Serge, een wiskundeleraar van zevenenveertig, en zijn vrouw Nancy, een drieënveertigjarige ziekenverzorgende uit Mount Shasta in Californië, hadden bij het telefonisch reserveren nog langer in de wacht gestaan dan ik. Het stel was in 1981 op de fiets door Amerika gereisd. 'Met tien dollar per dag,' voegde Serge er trots aan toe. Nu, twintig jaar later, wilden ze het er nog een keer op wagen. 'Maar deze keer mag het wel iets comfortabeler van onszelf,' zei Nancy.

John, de student die hier in de collegevrije perioden kookte en bediende, begon de tafel af te ruimen en te dekken voor de volgende shift. Hij raadde ons aan deel te nemen aan een onderdeel uit het rangerprogramma, waarin vermakelijke en wetenswaardige dingen over de Grand Canyon werden verteld. Maar ik was te moe en strompelde terug naar mijn cabin. Voor ik in slaap viel, hoorde ik in de verte een coyote een verjaardagsliedje voor me zingen.

De daaropvolgende dagen bracht ik overdag zwervend door de Canyon door, 's avonds luisterde ik bij het kampvuur naar de verhalen van de rangers of bewonderde ik de ongelooflijke sterrenhemel. Hier, een plek zonder enige storende lichtbron, leek de natuur miljoenen glimmende diamanten over een doek van blauwzwarte zijde te hebben uitgestrooid. De Melkweg blonk in volle pracht en af en toe kwam er een satelliet of glimmend stuk ruimteafval voorbijtrekken. De stilte van de nacht werd alleen af en toe onderbroken door het zachte gesnuif van de muilezels en het gehuil van coyotes.

Als ochtendmens kon ik vooral van de zonsopkomst genieten. Ook zonder wekker was ik al om vijf uur wakker. Ik trok warme kleren aan, pakte mijn zaklamp en liep een stuk bij de ranch vandaan. Ik was duidelijk niet de enige, want ik zag heel wat lampjes om me heen oplichten.

Bij de Bright Angel Creek ging ik op een steen zitten kijken hoe de sterren langzaam verbleekten. Het donkere gordijn dat over de kloof hing werd dunner, tot het uiteindelijk helemaal weg was getrokken en de wanden van de Canyon zichtbaar werden. Toen verscheen de zon op het toneel. Ze kondigde de nieuwe dag aan en veranderde kleuren en panorama's in een caleidoscoop. Het ruisen van de rivier luisterde deze show van de goden verder op. Misschien zouden er minder oorlogen zijn als alle mensen de dag zo vredig konden beginnen, was mijn stoutmoedige gedachte.

Op mijn ontdekkingstochten door het binnenste van de Canyon moest ik vaak weer omkeren omdat de weg door de reusachtig grote rotswanden werd versperd. Ik drong dieper door in de groene dalen, waadde door heldere beken en klom door kloven, langs spectaculaire watervallen en rotstekeningen van de oerbewoners.

Ik wandelde een stuk terug over de South Kaibab Trail tot aan de hangbrug. De Colorado stroomt hier nog relatief rustig, terwijl de rivier op smalle stukken van de kloof onstuimig wordt met hoge golven. De brug was net breed genoeg voor een paard, maar dan ook niets breder.

Ik zou graag over de North Kaibab Trail aan de noordkant van de Canyon hebben gelopen, die nog eens driehonderd meter hoger ligt dan de zuidkant. Dat pad was nu in februari echter afgesloten vanwege ijs en sneeuw.

Met elke dag die ik in de Grand Canyon doorbracht, verloor ik een beetje meer mijn gevoel voor tijd. Ik raakte miljarden jaren oude stenen aan. Dikke formaties kwartskristallen liepen in horizontale lijnen door de rotsen. Thuis heb ik een kristal op mijn bureau staan. Ik beweer altijd dat ik er energie van krijg. Maar hier zat ik er gewoonweg middenin. In sommige lagen zaten mariene fossielen: zeelelies, brachiopoden (dat zag ik in een folder over geologie die een ranger 's avonds uitdeelde) en terrestrische fossielen zoals afdrukken van bladeren of libelvleugels en voetafdrukken van schorpioenen, duizendpoten en reptielen. Er zijn hier overigens nooit fossielen van dinosauriërs gevonden. De onderste lagen van de Canyon, de Vishnu-schist en het Zoroaster-graniet, zijn 1,7 miljard jaar oud, een onvoorstelbaar lange tijd voor ons mensen.

De onmetelijkheid van de afgrond is van bovenaf niet te zien. Je moet de kloof in gaan. Hier, ten overstaan van miljarden jaren aardgeschiedenis, werd ik me er elke dag opnieuw van bewust hoe nietig en onbeduidend wij mensen zijn. Toch zullen ook wij er deel van uitmaken nadat onze botten allang tot stof zijn vergaan.

Op de laatste dag liep ik langs de camping naar de aanlegplaats voor de grote rubberboten die werden bepakt voor helse raftingtours over de ziedende golven. Ook voor deze tours moest tijdig worden gereserveerd. Een heel moedige vriend van me behoort tot een van de weinige mensen die de Colorado met de kajak zijn afgezakt. Hij had zich tien (!) jaar van tevoren moeten aanmelden. Dat was allemaal niets voor mij. Ik peddel graag, maar dan op rustige meren, en dit plezier liet ik graag over aan de dapperen onder ons.

Toen ik aan de oever van de rivier zat, raakte ik in gesprek met Ronda. De kleine vrouw met donkerblond haar tot op de schouders was net aangekomen en wilde twee nachten blijven kamperen.

Ronda was een ongewone vrouw. Vroeger was ze leidinggevende van een marketingbureau in Manhattan. Ze had haar baan opgegeven en woonde nu in een camper op een camping in de woestijn van Arizona. Omdat we allebei ons vaste bestaan hadden opgegeven, hadden we veel gemeen en konden we veel dezelfde ervaringen met elkaar delen.

'Veel mensen hebben bewondering voor wat ik heb gedaan en willen dat zelf ook,' zei Ronda. 'Maar er zijn er heel weinig die het ook echt doen.' Ze lachte naar me. 'Jíj hebt het ook gedaan. Je bent gestopt als advocaat.'

'Klopt, maar het was niet zo radicaal als bij jou,' antwoordde ik ontwijkend.

Ronda was niet gelukkig geweest met haar werk en was toen begonnen de eenzaamheid op te zoeken. Ze maakte een raftingtour op de Colorado en was zo gegrepen door de helderheid en de vrede die ze in de stilte vond. Na nog twee andere raftingtrips deed ze haar appartement in New York van de hand en verhuisde naar Arizona. Nu verdiende ze haar geld met losse korte baantjes en woonde permanent op een afgelegen camping. Nadat de avontuurlijk ingestelde vrouw het voorgaande jaar de Mount Everest tot het basecamp had beklommen, vond ze het niet meer dan logisch dat ze nu zestienhonderd meter de diepte in ging.

'We gaan met het landschap waarin we leven een innerlijke band aan en worden één geheel ermee,' was Ronda's overtuiging. 'Hoe meer we ons ermee vereenzelvigen, hoe gelukkiger we worden.'

Ik was bevangen door de Canyon-koorts. Graag was ik nog langer gebleven, maar ik had niet meer overnachtingen geboekt. Bovendien verheugde ik me op mijn huis en mijn hond, die ik al erg miste.

Op de laatste dag kocht ik het obligate T-shirt van de Phantom Ranch, dat alleen hierbeneden te koop is en waarmee ik tegenover ingewijden kon laten zien een echte 'Canyon-hiker' te zijn. Toen stuurde ik als bewijs voor mijn prestatie een stapeltje ansichtkaarten met het stempel TRANSPORTED BY MULE FROM THE BOTTOM OF THE GRAND CANYON[19] naar huis.

Bij het avondeten praatte ik met Charly, een oud-leraar van zesenzestig uit Scottsdale, over mijn angst voor de tocht naar boven, de volgende dag. Hij had die wandeling al vaker gemaakt en knikte begripvol. 'Je moet leren de Canyon te respecteren. Zijn kalme verschijning kan bedrieglijk zijn. Wandelaars die de Canyon niet respecteren, komen er snel achter dat hij meedogenloos kan zijn. Daarom moet je alleen zo'n wandeltocht ondernemen als je er fit genoeg voor bent.'

Ik was die kniebuigende, uitdagende South Kaibab Trail afgedaald met een volle, zware rugzak. De spierpijn zat nog steeds in mijn benen.

'Ben je nog moe?' vroeg Charly. Mijn scheve lachje zei wel genoeg. 'Morgen is je rugzak lichter. Maar deze keer moet je klimmen, en je krijgt nauwelijks lucht. Je bent tien tot twaalf uur aan het lopen en je moet het in je eigen tempo doen. Zorg ervoor dat mensen die sneller zijn niet op je zenuwen gaan werken. De Canyon is geen hardloopbaan.'

Toen ik de volgende ochtend om vijf uur ging ontbijten, maakten een zwerm meteorieten en talloze vallende sterren aan de diepzwarte hemel mijn aanstaande afscheid van de kloof weer goed. Hoewel ik mijn pocketboek aan de boekenuitleen van de Ranch had geschonken, was mijn rugzak nauwelijks lichter geworden. Ik had een lunchpakket besteld en de waterflessen gevuld. Deze keer hoefde ik maar twee liter mee te nemen; op de Bright Angel Trail is er, in tegenstelling tot de South Kaibab Trail waarlangs ik naar beneden was gelopen, halverwege een plek met water.

Omdat mijn zaklamp al na een paar minuten de geest gaf, moest ik het doen met het licht van de maan en heel goed opletten waar ik mijn voeten neerzette. Mijn dank gaat uit naar de muilezels, waarvan ik alleen maar de uitwerpselen van de voorgaande avond hoefde te volgen. Toen ik de hangbrug overstak en onder me het ruisen van de rivier hoorde, kreeg ik een akelig gevoel. Dit was het woongebied van de poema's, die hun prooi het liefst in het donker en van achteren grijpen. Dus nogmaals een schietgebedje om hulp bij mijn tocht omhoog en een behouden thuiskomst.

Al mijn zintuigen waren tot het uiterste gespannen. Kleine voeten trappelden steentjes los, die rollend op het pad terechtkwamen. De fijne druppeltjes van de schuimende Colorado landdden verkoelend op mijn huid. Afgaande op het ruisen liep ik een hele tijd langs de rivier, waarvan ik alleen maar een vermoeden kon hebben. Pas toen ik dieper in de kloof kwam, werd het stiller. Er hing een volledige stilte om me heen. Wanneer ik stil bleef staan, hoorde ik alleen het bonzen van mijn eigen hart. Ik had graag langer genoten van die stilte, maar ik moest verder.

Om zeven uur kwam eindelijk de zon op. Boven bescheen ze de rotsen aan de rand van de Canyon. Het zou nog een tijdje duren voor de stralen tot hierbeneden doordrongen.

Toen ik uit een scherpe bocht kwam, werd het pad opeens versperd. Een enorme dikhoornbok stond pal voor mijn neus. En er was geen enkele uitwijkmogelijkheid. Wat nu? Terug kon ik niet. Erlangs ging al helemaal niet. Aan de ene kant kloofwand, aan de andere kant het ravijn.

Ik probeerde sussend op het schaap in te praten. ‘Hallo! Wat ben jij een lief schaapje. Ik zou het heel fijn vinden als...’

De bok keek me aan en bewoog met zijn oren onder de grote gedraaide horens; hij leek net zo verstoord te zijn als ik.

Nou goed, dan zat er niet veel anders op dan geduld te oefenen en af te wachten. Ik ademde langzaam in en uit en probeerde rustig te blijven. Na wat een eeuwigheid leek draaide de bok zich om, deed twee stappen op het pad naar boven om vervolgens met elegante passen de rots op te springen.

Met knikkende knieën liep ik langzaam verder. Na veel haarspeldbochten kwam ik tegen negen uur in Indian Garden aan, een oase waar een rangerstation en een camping gevestigd zijn. Bij een stroompje stonden drie muildierherten zo dichtbij te grazen dat ik maar mijn arm had hoeven uitsteken om ze aan te kunnen raken. Langzaam liep ik verder.

Eindelijk pauze. Ik vulde de waterflessen bij en verorberde mijn sandwich, een appel en een mueslireep.

Een groep senioren had me tijdens het lopen ingehaald en zat nu ook uit te rusten. Ze vertelden me dat dit hun eerste wandeling in de Canyon was. De drie mannen en twee vrouwen waren tussen de zestig en zeventig. Je herkent ‘beginnelingen’ doordat ze jachtig voorbijhaasten en hoog van de toren blazen omdat jij zo langzaam loopt. Op hooguit een derde van de route keert het tij. Dan hebben de sprinters geen energie meer en blijven hijgend achter, terwijl jij hen in je constante tempo inhaalt met een verstolen lachje rond je mond.

De Grand Canyon is gevaarlijk. Ondanks de waarschuwingen van de rangers menen toch altijd weer veel mensen het beter te weten. Elk jaar weer zijn er dodelijke slachtoffers door een beroerte, zonnesteek of uitdroging, en daarnaast zijn er veel lichtzinnige toeristen op gympen die in de afgrond vallen.

Na Indian Garden kwam het zwaarste gedeelte. Met veel haakse bochten kronkelt de Bright Angel Trail bergop, langs een heel oneffen en door muilezels uitgelopen pad. De laatste drie mijl was het lastigst, want daar lag veel ijs. Dus toen moest ik maar weer spikes onder mijn schoenen doen. Ik probeerde een gelijkmatig ritme in mijn stappen en mijn ademhaling te krijgen. Dat hielp. Maar elke keer dat ik omhoogkeek, had ik het gevoel dat de wanden nog net zo hoog boven me uit staken als daarvoor. Dat ik toch vooruitkwam, zag ik aan de eerste toeristen die me gillend en lachend op hun gymschoenen tegemoet geglibberd kwamen. Het was gedaan met de rust.

Uiteindelijk was ik om drie uur 's middags terug in de beschaafde, totaal andere wereld. Overal waren mensen, auto's en bussen. Ik gunde mezelf eerst een grote cappuccino en een reuzenportie spaghetti. Toen checkte ik in bij een hotel en genoot van een lange warme douche en het zachte bed.

Gehaald! Een keer twaalf en een keer zestien kilometer, zestienhonderd hoogtemeters bergaf en bergop. Helemaal niet zo slecht voor een oude meid zoals ik.

Op mijn verjaardagstocht ben ik naar het middelpunt van de aarde gewandeld, naar het centrum van de tijd. Ik was gekomen om mijn eigen centrum te zoeken, de vervulling van een droom, de volbrenging van het onmogelijke. Wat ik ontdekte was een geheim: het besef van mijn eigen nietigheid. De Grand Canyon had me op mijn verjaardagstocht met die grandioze natuurervaringen een groot cadeau gegeven. Maar vooral heeft hij mijn nietige mensenleven in het juiste perspectief geplaatst. Hij maakte me duidelijk wat voor onbeduidende rol ik speel in de grote samenhang van de natuur op deze planeet en hoe onbelangrijk mijn dagelijkse problemen zijn. Geen enkel woord van mij hoeft de wereld meteen te weten. Ik hoef niet mee te doen aan het mondiale delen en twitteren, ik hoef niet altijd een antwoord paraat te hebben of een mening te verkondigen. Er mogen zelfs ook weleens volkomen saaie uren en dagen zijn waarop er niets gebeurt. Het geschenk van de Grand Canyon voor mij was dat hij voor mijn gevoel mijn betekenis voor de wereld heeft beperkt tot de mensen met wie ik leef en voor wie ik belangrijk ben.

Voor mij als schrijver is de Grand Canyon het dikste en oudste boek ter wereld. Op stenen bladzijden ter dikte van meer dan vierenhalve kilometer staat hierin de geschiedenis van twee miljard jaar geschreven. Ook al zijn de bladzijden gekreukt, gevouwen en versleten, ze zijn briljant ingekleurd en mooi gegraveerd. Ze stralen in lichtgrijze, witte, donkerrode en intens groene kleuren. Bladzijden van grove zandstenen, fijn gestructureerd kalksteen, leisteen, ruwe conglomeraten, kwarts en robuust graniet. Nooit glad of keurig geperst, maar in horizontale lagen, in verticale wanden, in grote vouwen. Verwrongen, verdraaid, gebroken. Een paar hoofdstukken ontbreken. Maar de overige zijn zo helder geschreven dat ze goed te begrijpen zijn zonder de continuïteit te onderbreken. De Grand Canyon is een boek dat ik telkens opnieuw wil lezen.

Als ik nu terugdenk aan die wandeling, maak ik graag een vergelijking met het leven. Je rijdt ontspannen en tevreden over een weg, tot er voor je plotseling een kloof opdoemt en je niet meer verder kunt. Om aan de andere kant te komen, moet je de diepte in en erdoorheen. Daarna gaat het pas weer bergop, en dat is dan nog eens verschrikkelijk veel zwaarder. Maar je leert door te zetten. Als je het gehaald hebt, ben je euforisch. Maar maak je geen zorgen: dat blijft niet zo. Dan begint alles weer van voren af aan. Dat wordt 'leven' genoemd.

ONTMOETINGEN IN HET NAVAJO-LAND

Mijn vrienden vinden me een avonturier. Ik zie mezelf helemaal niet zo. Maar ik begrijp dat het in hun ogen niet normaal is dat je je baan opgeeft om wolven te kussen of door een grizzlygebied te trekken. Ik ben voortdurend nieuwsgierig, wil weten wat er 'daarbuiten ergens' te ontdekken valt. Van zulke ontdekkingen wil ik anderen graag deelgenoot maken. Daarom heb ik jarenlang wildernisreizen georganiseerd en heb ik ook als reisleider gewerkt.

In de herfst van 1998 maakte ik een avonturenreis die op mezelf gericht was, waarin ik mijn horizon wilde verbreden, vrij wilde leven en mijn eigen grenzen wilde overwinnen.

Normaal ben ik iemand die alles door en door gepland heeft, een goed georganiseerde perfectionist als ik ga reizen. Jarenlange ervaring als reisleider heeft me getraind om op alles voorbereid te zijn en overal de regie over te hebben. Zelfs bij de wolvenobservaties volg ik een tijdschema – dat ik aanpas aan de activiteiten van de wolven. Ik plan mijn reizen minutieus, inclusief een plan B en C. Alles van tevoren al weten, waar ik naartoe rijd en overnacht, geeft me zekerheid en zorgt ervoor dat ik tijd en energie overhoud om me op belangrijke dingen te concentreren. Maar deze keer wilde ik uit de tijdsgevangenis ontsnappen. Ik had me voorgenomen me alleen door mijn intuïtie te laten sturen.

De man die bij mij aan huis diepvriesproducten verkoopt had me op dat idee gebracht. Georg draagt niet alleen het hele jaar door een korte broek – de enige concessie zijn gebreide kniekousen bij temperaturen onder nul – hij gaat ook altijd op een ongebruikelijke manier op vakantie: hij gaat met zijn hond naar het station, stapt in de eerste de beste trein die binnenkomt en rijdt naar het eindstation. Vervolgens marcheren ze zomaar 'ergens naartoe waar het mooi is'. Slapen doen ze meestal onder de vrije hemel.

'Soms bel ik aan bij een boerderij en vraag of ik in de schuur mag slapen. Er is nog nooit iemand geweest die dat niet toestond,' vertelde Georg. 'Het gebeurt zelfs weleens dat de boerin me 's morgens met koffie komt wekken of me uitnodigt voor het ontbijt.'

Ik was gefascineerd. Dat was iets compleet nieuws voor me. Gewoon eropuit, zonder concreet reisdoel – kon ik dat ook? Ik wilde het erop wagen.

Ik boekte een vlucht (met open retourdatum) naar Phoenix in Arizona en reed met een huurauto in westelijke richting. Voor de zekerheid had ik mijn minimalistische kampeeruitrusting mee: tent, slaapzak en gasbrander. Of ik nu in een tent, de auto of een hotel moest slapen – ik was er klaar voor. Wanneer en waar ik zou overnachten liet ik mijn intuïtie beslissen. Het zuidwesten van de vs was me vertrouwd; ik had een tijdlang in Arizona en New Mexico gewoond.

Als reisleider voor een Duitse organisator van studiereizen had ik tijdens de zomermaanden overwegend toeristen van middelbare leeftijd dwars door de vs gereden, van New York naar Los Angeles, inclusief bezichtiging van alle nationale natuurparken en bezienswaardigheden onderweg. Dat was bijzonder vermoeiend, niet alleen voor mij, maar ook voor de gasten. Ik had nog maar net zo'n reis achter de rug. Drie weken lang elke dag een ander nationaal park, een nieuw hotel, lange stukken in de bus. Mijn medereizigers wisten vaak helemaal niet meer waar we ons op dat moment bevonden.

'Mijn kamerdeur gaat niet open!'

'Welk kamernummer hebt u dan?'

'Eenentwintig.'

'En wat staat er op de sleutel?'

‘Drieënveertig. Ach, hemel. Gisteren had ik eenentwintig.’

Het dagelijks vele uren rijden van de oostkust naar de westkust eiste ook zijn tol. Ik moest regelmatig mensen wakker maken als er iets spannends te zien was.

‘Opgelet! Daar voor ons, een eland!’

Stoppen, uitstappen, foto maken, instappen en weer verder rijden. Waarom doet iemand dat zichzelf aan? Voor de een was het ‘de laatste kans nog een keer zo veel mogelijk te zien’. Anderen wilden een overzicht krijgen van alle pracht van Amerika en nog een keer voor een langere vakantie teruggaan als hun iets beviel.

Na zo’n reis overheerste bij mij – naast vermoeidheid en treurigheid – het gevoel van verlies. Zoveel mooie plekken en zo weinig tijd!

Dat moest nu eens anders. Voor het eerst in jaren was mijn to-dolijstje leeg. Ik was een vrouw zonder plannen. Er was niets wat me dwong op een bepaald moment ergens te zijn. Ik kon slapen als ik moe was, eten als ik honger kreeg. Ik droeg geen verantwoordelijkheid, hoefde niemand rond te leiden. Ik was vrij. Wat een luxe!

Ik wilde het land van de rode rotsen en de oerbewoners buiten de gebaande paden leren kennen; iets waarvoor ik tot dan toe nooit genoeg tijd had gehad. Uit mijn comfortzone, de horizon verbreden.

Mijn eerste stop was Window Rock, waar de regering van de Navajo-natie zetelde, de op een na grootste stam van de oerbewoners van de VS. De stad heeft zijn naam te danken aan een venster in de rode rotsen, dat voor de oorspronkelijke bewoners van groot religieus belang is en waar alle regeringsgebouwen bij in de buurt staan. De Navajo Nation Fair, de grootste *pow wow*[20] van Amerika, die altijd in het eerste weekend van september plaatsvindt, had ik helaas gemist.

Ik sliep in de auto ter hoogte van de Navajo Nation Memorial

Cemetry, een begraafplaats waar gevallenen van de twee wereldoorlogen hun laatste rustplaats hadden gevonden. Op veel grafstenen stond CODE TALKER te lezen. De Navajo *code talkers* vormden in de Tweede Wereldoorlog een elitetroep van de Amerikaanse mariniers, die via radioberichten militaire informatie doorgaf in het Dine, de taal van de Navajo's. Dat was de enige taal die de Japanners niet wisten te ontcijferen. De code talkers hebben zodoende veel Amerikaanse levens kunnen redden.

Window Rock is de poort naar een andere wereld: een wereld van rode rotsen, diepe kloven, bergen vol spleten en ravijnen, jeneverbesbossen en een onovertroffen weids landschap. Toen ik boodschappen deed in een supermarktje stopte de caissière me een flyer toe die me nieuwsgierig maakte. Het was reclame voor de Coyote Pass Hospitality Bed & Breakfast van Will Tsotsie en beloofde 'een nacht in een echte Navajo-*hogan*'. Als dat geen aanwijzing was voor hoe deze reis verder moest verlopen... Ik belde en reserveerde een kamer.

'Kom vanmiddag om vier uur naar het tankstation in Tsaile, dan haal ik u op,' zei Will.

Het eerste wat me opviel toen ik keurig op tijd bij het tankstation midden in het reservaat aankwam, waren de contrasten. Naast de moderne gebouwen van het Navajo Community College – wat trouwens het eerste college in de VS was dat een inheemse stam toebehoorde – stonden de traditionele woonhuizen van de Navajo: zes- of achthoekige hogans.[21] Een houten plank naast de munttelefoon van het tankstation diende als mededelingenbord. Er hing een flyer over *squaw dances*, op een handgeschreven briefje stond dat iemand een tweedehands wasmachine te koop had en een ander was op zoek naar zo goed als nieuwe winterbanden voor zijn terreinwagen.

Toen Wills zus Effie verscheen om me op te halen, had ik allang elk gevoel voor tijd verloren. Over een doorweekt modderweggetje volgde ik haar naar een groepje woonwagens en hogans. Uit heel Amerika kwamen hier gasten naartoe om op de grond van zo'n hut te slapen – zonder stromend water of elektriciteit – en iets te leren over de cultuur en het leven van de Navajo.

Effie nodigde me uit in de trailer van het gezin. Een gigantische televisie, waar een traditioneel weefraam naast stond, overheerste de voor de rest armoedige en chaotische inrichting. Terwijl Effie indiaanse thee serveerde waarin dennennaalden dreven, leerde ik haar grootmoeder en haar oudtante kennen. De oude vrouwen droegen de typische kleding van de Navajo: een wijde bontgekleurde rok en een blouse in unikleur van paars fluweel, daarbij enkele halskettingen van turkoois. Hun grijze haren hadden ze in een knot gebonden. Er waren geen mannen te zien. De Navajo leven in een matriarchaat. De materiële dingen zijn van de vrouwen; zij erven alles, en de kinderen behoren vanaf hun geboorte tot de clan van de moeder. De clan van Wills moeder was de Coyote Pass Clan, waarnaar hij zijn bedrijf had genoemd.

Uiteindelijk verscheen mijn gastgever, die zich aan me voorstelde. Will Tsotsie was leraar en – zoals ik later vernam – aankomend medicijnman. Hij nam me mee naar zijn huis, een moderne bungalow, waarvan de inrichting een mengeling was van traditionele inheemse voorwerpen en souvenirs van zijn vele reizen naar het buitenland. Boven de deur hing een pijl-en-boog ter bescherming tegen binnendringers, aan de wand een kostbaar weeftapijt. Op de kast naast de computer stonden twee samuraizwaarden, herinneringen aan een reis naar Japan. Bij een kop thee en geroosterde *piñon*-pitten leerde ik de deelnemers aan een workshop storytelling kennen. Ze wilden verhalen van de oorspronkelijke bewoners leren vertellen.

Will verdween in een zijruimte en kwam terug met een versleten aktekoffertje, waaruit hij kostbare sieraden van zilver en turkoois tevoorschijn toverde. 'Wij hechten geen waarde aan geld en er zijn geen banken in het reservaat,' vertelde hij. 'We beleggen ons vermogen in sieraden en tapijten.'

Trots liet hij ons zijn traditionele danskostuum zien en vertelde over een genezingsceremonie van zijn stam die in die nacht zou plaatsvinden. 'Hebt u zin om daaraan deel te nemen, in plaats van te overnachten in de hogan?' vroeg Will. Hij zou vereerd zijn. De eer was geheel mijnerzijds; ik stemde spontaan toe.

Een tijdje later reed ik heel diep in de nacht met Will en twee van zijn broers mee in een terreinwagen over een woestijnparcours van anderhalf uur dat in de rally Parijs-Dakar niet zou hebben misstaan. Op een plateau hoog boven de Canyon de Chelly kwamen we bij *Yei-te-chi*, de plek van de genezingsceremonie. Minstens twintig pick-ups, sommige met paardentrailer, en terreinwagens stonden rondom een open plek met brandende houtvuren eromheen. Iets verderop stonden gezadelde en ongezadelde paarden te wachten, met hun hoofden ontspannen naar beneden hangend. Uit de grote achthoekige ceremoniehogan op de kop van de open ruimte klonken gezang en getrommel.

De plechtigheden zouden tot in de vroege ochtend duren, zo vertelde Will me ter inwijding in de gebruiken. Gemaskerde en verklede dansers wilden proberen om in cycli van telkens vier keer vier dansers (vier is het heilige getal van de Navajo's) de oorpijn van een stamlid te genezen. In een pauze stapte een rijzige Navajo op me af. Hij gaf me een hand en stelde zich voor als Julius, de kleinzoon van de zieke man. De uitnodiging voor de genezingsceremonie was uitgegaan van zijn familie.

Ik schatte hem op een jaar of dertig. Hij had fijne gelaatstrekken met hoge jukbeenderen en donkere ogen. Zijn lange diepzwarte haar was in zijn nek samengebonden tot een knotje. Bij zijn donkerblauwe spijkerbroek droeg hij een bordeauxrood overhemd en een ketting van turkooisstenen en enkele zilver- en turkooisringen om zijn vingers. Er lag een bont weeftapijt over zijn schouders. De hele verschijning van de man straalde een grote waardigheid en een ongelooflijke energie uit, die iedereen in de buurt wist te fascineren.

'Dank u wel dat u gekomen bent om mijn grootvader te helpen.' Ik moet een beetje verward hebben gekeken, want hij voegde eraan toe: 'Iedereen die aan de ceremonie deelneemt, helpt de zieke te genezen.' Julius nodigde me uit voor koffie en Navajo-brood in de hogan. Omdat witte mensen normaal gesproken niet in een ceremoniehogan mochten komen, was het belangrijk een paar regels te kennen.

'Nadat u de hogan bent binnengekomen, gaat u naar rechts. Dat is de kant voor de vrouwen,' legde Julius me uit. Vol ontzag ging ik naar binnen. Er stond een houtkachel zo hard te loeien dat het zweet me onmiddellijk uitbrak. Langs de wanden zaten de familieleden en vrienden van de zieke en de overige genodigden – rechts de vrouwen, links de mannen. Ik ging aan de rechterkant op de over de zandvloer uitgespreide weefkleden zitten, met mijn rug tegen de wand.

Tegenover de ingang zaten de hoogste medicijnman, de naaste verwanten van de zieke en drie professionele Navajo-zangers. De warmte, het eentonige gezang met schelle, indringende stemmen, de klank van de trommels, het ritmische schudden van rammelaars, de voortdurende herhalingen – dat alles bij elkaar miste zijn uitwerking niet. Na een tijdje raakte ik in een soort hypnotische toestand en zag ik beelden voor me: een gestrande, dode witte walvis waar een persoon naast stond die medelijdend neerkeek op het dier. Ik heb tot op de dag van vandaag geen flauw idee wat dat kon betekenen.

In de pauzes praatte ik met de overige stamleden. Ze waren allemaal erg toegankelijk en vriendelijk.

Bob, een kunstenaar, vertelde me dat de grootste problemen in het reservaat nog altijd alcohol en drugs waren. Een kwart van zijn ongeveer tweehonderdduizend stamgenoten waren probleemdrinkers, veel van hen ook drugsverslaafd. 'De jonge mensen verdwijnen naar de stad. Maar sommigen komen ook weer terug, zoals ik.' Bob had twintig jaar lang in de stad gewoond en was alcoholist geworden. Toen keerde hij terug naar zijn geboortestreek.

'Ik woon nu in de Canyon de Chelly, in een hogan zonder stromend water en elektriciteit. Ik ben arm, maar wanneer ik schilder of op mijn paard rij, ben ik gelukkig.' Liefdevol klopte hij op de hals van de pinto die naast hem stond. 'Ik drink nu niet meer. Het is niet gemakkelijk, maar ik probeer mijn Navajo-identiteit weer terug te vinden.'

Toen een eerste streep licht aan de horizon verscheen, verliet de zieke de hogan. Hij ging op een stoel aan de rand van de open plek zitten. Voor hem begon de laatste dans, waaraan Will ook meedeed. Hij danste als vierde danser in een groepje van zes en was daarmee, zoals hij me later vertelde, een plaatsje gestegen in de 'rangorde van de medicijnmannen'. Ter afsluiting spraken de zieke en zijn familie de dansers en alle deelnemers toe en zegenden ze hen door in alle vier de windrichtingen maïsmeel te gooien.

De ceremonie eindigde met de opkomst van de zon. De terugrit naar Wills huis was weer erg hobbelig. Ik bedankte mijn gastheer dat hij me had meegenomen en betaalde voor mijn nacht in de hogan, hoewel ik er niet overnacht had. Nu wilde ik zo snel mogelijk naar een rustige plek om de belevenissen te verwerken. Ik had het nodig om alleen te zijn en reed naar Canyon de Chelly. Ik was inmiddels wel meer dan vierentwintig uur op de been, maar ik zat vol energie. Die gebruikte ik meteen voor een drie uur durende wandeling in de Canyon. Toen zette ik in de schemering mijn tent op, waarna ik in een diepe, droomloze slaap viel.

De volgende ochtend werd ik gewekt door getrippel en gekras langs de ingang van de tent. Voorzichtig deed ik de rits open, waarna ik recht in de ogen van een geschrokken hond keek. De bastaardhond met warrige haren maakte een sprongetje achteruit toen ik hem aansprak. Hij liet zich niet aanraken, maar hij voelde zich niet te goed om een broodje kaas met me te delen. Daarmee overtrad ik weliswaar mijn eigen voornemen om geen vreemde of wilde dieren te voeren, maar ik was deze reis immers aan het maken om regels te breken en grenzen te overschrijden. Bij een avontuur is dat toegestaan – tot zover mijn smoes. Loslopende honden in de reservaten zijn doorgaans niet echt verwilderd. Ze leven relatief vrij, maar ze hebben wel een baasje naar wie ze na hun zwerftochten terugkeren. Dat hoorde ik van een Navajo toen ik een keer bij een tankstation koffie en koekjes had gehaald en op het punt stond een bedelende hond iets te geven.

'Veel toeristen denken dat onze honden bij niemand horen, omdat ze loslopen. Sommigen willen ze zelfs meenemen en "redden". Maar die honden hebben een familie, een thuis en speelkameraden. We sluiten onze dieren niet op, maar respecteren hun vrijheid.'

Een mooie gedachte. Helaas kost deze vrijheid veel dieren hun leven als ze op straat worden aangereden.

Gedurende de volgende dagen reed ik veel over de onverharde wegen door het reservaat van de Hopi, een land met een rijke geschiedenis, oeroude dorpen en heilige bergen. Negen van de twaalf Hopi-dorpen staan op de drie *mesas* (tafelbergen). Walpi, het bekendste dorp, ligt op de smalle top van de First Mesa, tweehonderd meter boven een droog dal. Het uitzicht vanaf hier is adembenemend; op een heldere dag kun je de met sneeuw bedekte toppen van de San Francisco Peaks bij Flagstaff zien. In dit plaatsje, dat ongeveer driehonderd jaar bestaat, wonen ongeveer dertig mensen. Op de Second Mesa liggen drie dorpen, waarvan Shongopavi met zevenhonderd inwoners het grootst is.

Op de Third Mesa ligt Oraibi. Dit oord is sinds het jaar 1100 ononderbroken bewoond geweest en is daarmee het oudste dorp van Amerika. Ver weg van de witte mensen leven hier de traditioneelste Hopi. Deze stam is nooit overwonnen door de Spanjaarden of Engelsen. Ik respecteerde de NO PHOTOS-bordjes bij de toegang tot het dorp en liet mijn camera in de kofferbak liggen.

Moenkopi is het meest westelijke Hopi-dorp. Die naam betekent 'plaats van het stromende water'. Daar verbouwen de boeren van de Third Mesa hun voedingsgewassen. Voordat er waterleidingen werden aangelegd, moesten ze de honderd kilometer van Oraibi naar Moenkopi vaak te voet afleggen. Het dorp met zijn groene velden en fruitbomen ligt al op Navajo-gebied.

Op zoek naar andere, minder bekende bezienswaardigheden in het Navajo-land ontdekte ik ongeveer vijftig mijl ten noordoosten van Tuba City het Navajo National Monument, dat maar al te vaak door toeristen op weg naar Kayenta of Monument Valley over het hoofd wordt gezien. Ten onrechte, want in het Monument zijn meerdere grote Anasazi-ruïnes[22] te zien. Mij trok een wandeling naar de afgelegen Keet Seel-ruïnes. Maar ik kreeg geen toestemming voor de rondwandeling van zestien mijl, omdat het maximumaantal aanvragen al was bereikt. Om hun natuur te beschermen, hebben de Navajo strenge regels voor bezoekers. Elke wandeltocht op hun gebied moet worden aangemeld.

In plaats daarvan bezocht ik onder leiding van een parkranger de Betatakin-ruïnes, goedbewaard gebleven klifhuizen. Ze lijken op een smalle rotsrichel onder een enorme koepelvormige zandsteenrots te zijn geplakt, die op een reusachtige bol lijkt, die op het punt staat met deze oude cultuur weg te rollen.

Slechts dertig kilometer noordelijker is bij Kayenta de aftakking van de US163 in noordelijke richting naar Monument Valley. Terwijl de meeste toeristen Monument Valley kennen van de vele westerns of uit de sigarettenreclames, blijft Mystery Valley wat zijn naam al aangeeft: een mysterie. De oorspronkelijke bewoners kennen voor beide dalen een en hetzelfde begrip: Tse'-Bii'Ndzisgaii, wat 'wit mesa-dal' betekent. Mystery Valley is niet makkelijk te vinden en mag alleen onder begeleiding van een inheemse gids worden betreden. De Navajo-regering houdt de bezoekersaantallen heel laag, aangezien de vallei een heilige plaats is voor de stam.

Bij het Visitor Center ontmoette ik Fred, een Navajo met lang, blauwzwart haar en een zwarte cowboyhoed. Hij ging me door het geheimzinnige dal leiden.

Eerst reed hij me in zijn gammele busje naar de sets van de westernfilms. Trots vertelde hij dat zijn vader al voor Hollywood had gewerkt en voor John Wayne en zijn crew de paardenzadels had gemaakt. Hijzelf bezat nog twee stuntpaarden, die elk zeventigduizend dollar waard waren, zo zei hij. Ze konden op commando 'vallen' zonder de ruiter te verwonden.

'Ik leg een rode doek op de grond, het paard begint te rennen en valt precies op die plek om,' zei Fred, waarbij hij liet zien hoe de camera moest worden vastgehouden om de scène geloofwaardig te laten overkomen. Gelukkig demonstreerde hij de stunt zelf niet. Ik ben geen liefhebber van zulk soort twijfelachtige showdressuur.

Over uitgedroogde zandpistes reden we verder naar Mystery Valley. Die verschilt vooral van zijn beroemde buurvallei doordat zijn rotsformaties niet zo steil en stug naar de hemel reiken, maar door de zachte afgeronde vormen het verlaten landschap tot een vloeiend geheel maken. Wind en water, de beeldhouwers van de natuur, hebben zich door de steenlagen gevreten en bogen en holten achtergelaten waarin de Anasazi honderden jaren geleden hun woningen hebben gebouwd. In Mystery Valley woonden op het hoogtepunt van de Anasazi-cultuur maar zo'n dertig mensen – ter vergelijking: Mesa Verde, dat er vlakbij ligt, had vijfduizend bewoners.

Fred en ik reden verder over onverharde wegen en door diep zand. In een zijkloof kwamen achter een scherpe bocht de Baby House Ruins in zicht. Fred raadde me aan over de gladde rotsen naar boven te klimmen om bij de goedbewaard gebleven ruïne naar binnen te kunnen kijken. Het plafond was zwart van het roet van oude vuren. In het zandsteen waren babyhandjes en -voetjes gekrast of gehamerd; vandaar de naam van het huis waarschijnlijk.

Nog een ander vertoon van zeer indrukwekkende rotskunst was het House of Many Hands, een Anasazi-ruïne met drie kamers, beschut door een concave zandsteenwand. Er liggen bergen stenen omheen, wat doet vermoeden dat hier vroeger nog meer huizen stonden. Op de donkere rotswand stonden ongeveer tweeduizend witte en gele handafdrukken (volgens Fred waren het er vroeger zevenduizend), geen enkele groter dan die van een kind. Andere petrogliefen (in rotsen gehakte afbeeldingen) toonden menselijke figuren met smalle taille en brede schouders. Fred wees op de amandelvormige ogen, de lange armen, een soort antennes, die uit de hoofden groeiden en de handen met maar drie vingers. Ook was er iets te zien wat op een ruimteschip leek, waar een naar beneden gerichte vuurstraal uit leek te komen.

'We weten niet waar ze vandaan kwamen, ofwel van ergens hier op aarde, ofwel uit het heelal...' zei Fred met een knipoog, waarmee hij nog een mysterie van Mystery Valley onopgehelderd liet.

Enkele andere ruïnes wierpen ook vragen op, maar dan vanwege hun omvang. De onderkomens van de Anasazi waren nooit ruim geweest, maar hier hadden mensen huisjes gebouwd die zo klein en laag waren dat een volwassene er niet rechtop in kon staan. In andere Anasazi-nederzettingen werden zulke ruimten gebruikt voor de opslag van levensmiddelen. Hier leken de zwarte wanden er echter op te wijzen dat de bewoners vuur hadden gemaakt en in de ruimten hadden gewoond. Waarom dit volk geen grotere woningen bouwde, is nog een onopgelost raadsel.

Fred, die altijd op respectvolle afstand van de ruïnes bleef omdat hij er net als de meeste Navajo in geloofde dat er boze geesten worden opgeroepen als het 'oude' wordt verstoord, keek plotseling aandachtig luisterend en nadenkend. 'Kun je ze horen?' vroeg hij. 'Ze zijn hier, de Anasazi, ik kan ze horen en zien. Het zijn witte gestalten. Kun je zien hoe ze het gras in beroering brengen, horen hoe ze zingen in de wind?'

Ik kreeg kippenvel.

'Ze komen hierheen omdat ze ons iets willen vertellen,' voegde Fred eraan toe. 'Iets belangrijks. Iedereen die hier komt, is veranderd wanneer hij weer vertrekt. De geesten vertellen ons dat we in harmonie met de natuur kunnen leven.'

Hij kwam hier vaak met zijn familie en vrienden. 'We blijven een paar dagen of een weekje hier, kamperen en leven als onze voorouders. We proberen te horen wat ze ons te vertellen hebben.'

Fred was van mening dat iedereen een keer de gelegenheid moest hebben om een jaar lang net zo te leven als zijn voorouders, zonder stromend water en elektriciteit, jagen en verzamelen voor het eten. Dat zou alles veranderen.

Daar in Mystery Valley, ver weg van de hectiek van de moderne wereld, was het niet moeilijk om me voor te stellen dat de Anasazi onder ons waren. Het gaf me een gevoel van vrede om deel uit te maken van dit landschap en die mensen, die honderden jaren geleden hier hadden gewoond. Het was de wetenschap dat ruimte en tijd werkelijk onbelangrijk zijn.

De geschiedenis van de Anasazi en hun geheimzinnige verdwijning bleven me bezighouden. Ik bezocht nog meer van hun ruïnes, ging tussen de vervallen huizen zitten en probeerde te begrijpen hoe hun leven was geweest en waarom ze het hadden verlaten. Misschien had dit geïsoleerd levende volk niet altijd 'in harmonie met de natuur' geleefd, zoals Fred het zag, en misschien was dat wel zijn ondergang geweest.

Wat was er gebeurd? Waarom verdwijnt een hoge cultuur? En vooral: kan dat in de huidige tijd nog een keer gebeuren?

Nu, meer dan twintig jaar na mijn bezoek aan het zuidwesten van de VS, schijnt het geheim grotendeels wetenschappelijk opgelost te zijn. Het was niet één bepaalde gebeurtenis, maar een combinatie van factoren die tot de ondergang van de Anasazi heeft geleid. Die was te wijten aan een reeks uiteenlopende omstandigheden: een bevolkingsexplosie, politieke onrust, en daar kwamen ook nog eens klimatologische veranderingen bij. Komt je dat bekend voor?

Als we kijken naar het leven van de Anasazi in het verleden, kunnen we misschien een blik werpen op ons eigen leven in de toekomst. De leefomgeving van de oerbewoners was een landschap van extremen – met hoogvlakten, diepe kloven en vlakke woestijnbassins. Het land was droog met slechts een paar rivieren die het hele jaar water bevatten. In de winter viel er sneeuw en in de zomer waren de temperatuurverschillen extreem met 's nachts vorst en overdag temperaturen van meer dan veertig graden.

Het overlevingssysteem van de Anasazi was heel complex en werkte perfect. De landbouw floreerde dankzij vernuftige irrigatiesystemen en een uitstekend transportnetwerk. De bevolking nam na 800 n.Chr. snel toe. Als brandstof en voor de dakbalken van hun grote, vaak zes verdiepingen tellende woongebouwen met zeshonderd kamers hadden ze steeds meer hout nodig, dat ze van steeds verder weg moesten halen. Hierdoor werd de ontbossing sterker en ontstond er een tekort aan brand- en bouwhout.

Toen het land rond het jaar 1130 werd geteisterd door extreme droogte, kon de bevolking het niet meer aan. De grondwaterspiegel lieten ze zo ver zakken dat de wortels van de planten er niet meer bij konden. De landbouw kwam tot stilstand. Algauw konden niet meer alle bewoners van voedsel worden voorzien. De kloof tussen arm en rijk werd groter, er ontstonden sociale spanningen. Dorpen verhuisden naar plekken waar ze zich beter konden verdedigen; soms hoog op rotskliffen, soms bij grachten of torens. Er ontstond concurrentie met nieuw gearriveerde stammen van de Apachen en de Navajo om de natuurlijke bronnen. Er kwam meer geweld en oorlog. Archeologen vonden skeletten waarin pijlpunten zaten en sporen van hongerdood en kannibalisme.

De Anasazi waren afhankelijk geworden van de complexe structuren van hun samenleving. Toen die instortten door de wisselwerking van milieuschade en klimaatverandering, konden ze die niet meer herstellen.

Kan ons dat ook overkomen? Er zijn tegenwoordig bijna acht miljard mensen op aarde. Bossen worden op grote schaal gekapt, bodemschatten onverantwoord misbruikt. Sociale conflicten maken nu al deel uit van ons dagelijks leven. Rest de vraag of wij in staat zijn om van de fouten van de Anasazi te leren of dat wij ook onze ondergang tegemoetgaan.

Op mijn reis naar het Navajo-land kon ik een blik werpen op de geschiedenis van de oerbewoners. Ik leerde welke ecologische en culturele gevolgen het handelen van een volk voor de toekomst kan hebben. Daarbij heb ik huiveringwekkende parallellen met ons huidige leven geconstateerd.

Dit reisavontuur was een geschenk. Ik was vertrokken met het idee een keer 'anders' op pad te zijn, zonder planning en mijn intuïtie volgend. Ik wilde mijn horizon verbreden, uit mijn comfortzone komen, goed opletten en vertrouwen op wat er komen ging. Misschien is dat wel waar het eigenlijk om gaat als we op avontuur gaan. We hoeven geen continenten te veroveren of wereldzeeën over te steken. Het enige wat we hoeven te doen, is van perspectief te veranderen, vreemde landen en mensen van een andere kant leren kennen en – hopelijk – begrijpen. Dat kan overal. Nieuwe wegen bewandelen, in de natuur zijn, paden verkennen die nog maar weinigen kennen of de trein pakken naar 'Ergens', zoals Georg, mijn bezorger van diepvriesproducten dat doet.

BIJ WALDEN POND

Toen ik in het begin van de jaren negentig voor bijna een jaar de wildernis van Minnesota in trok, deed ik dat omdat ik verliefd was op een kanobouwer die midden in het wolven- en berengebied in een blokhut zonder stromend water of elektriciteit woonde.

Tegenwoordig zou het leven dat ik toen leidde 'duurzaam' worden genoemd. Voor mij was het een heel bescheiden leven en bovendien een bikkelhard bestaan. Ik had geen idee waaraan ik was begonnen. De werkelijkheid was het volkomen tegenovergestelde van mijn romantische voorstellingen van het leven in een blokhut in de wildernis. Behalve houthakken en kano's bouwen leerde ik vooral op mezelf te vertrouwen en met hoe weinig je in het dagelijkse leven toe kunt.

Ik hou ervan om zo eenvoudig en bescheiden mogelijk te leven. Ik vind het fijn als mijn omgeving duidelijk en overzichtelijk is. Een huis dat volgepropt is met 'spulletjes' kan ik niet aan. Het gelukkigst was en ben ik altijd in heel kleine onderkomens: in een tent, camper of blokhut.

Toen ik in 1986 voor vier maanden met mijn hond Klops naar Vancouver in Canada ging om aan de University of British Columbia te studeren, zocht ik vergeefs naar een woning. Met een hond had ik geen kans, vooral ook omdat de wereldtentoonstelling Expo '86 in die stad plaatsvond en alles volgeboekt was – ik heb er in het begin van dit boek al het een en ander over verteld. Resoluut huurde ik een kleine camper, waar we met z'n tweeën – Klops en ik – in woonden. Er zat een tafel in die kon worden omgebouwd tot een bed, een kooktoestel, een gootsteentje en een chemisch toilet, dat ik als een schuiflade uit de kledingkast kon trekken. Meer niet – en toch was ik met dit eenvoudige leven gelukkiger dan ooit.

Doordeweeks parkeerde ik op de campus, in het weekend reed ik de bergen in of naar zee. Ik douchte me in het zwembad van de universiteit en waste mijn kleren in wasserettes. Zelden voelde ik me zo vrij.

Later, tijdens mijn wolvenonderzoek in Montana, huurde ik een blokhut. Toen ik als reisjournalist op pad was in Amerika, woonde ik in campers of sliep ik in de auto. Het eenvoudige leven waarbij ik me op de wezenlijke dingen kan concentreren, maakt me gelukkig.

Tot dit verlangen ben ik lang geleden aangezet door de boeken van Henry David Thoreau en Ralph Waldo Emerson. Deze schrijvers waren de vertegenwoordigers van een beweging die zichzelf 'transcendentalisme' noemt en die van opvatting was dat de mens het wezenlijke pas kan ervaren als hij zich met heel zijn wezen bezighoudt met de beleving van de natuur; een inzicht waarmee ik het ten zeerste eens kan zijn.

Vooral Henry David Thoreau fascineert me. Deze schrijver en natuuronderzoeker was achtentwintig toen hij in 1845 besloot een klein hutje te bouwen bij een meertje, waar hij zich een tijdje kon onttrekken aan de heisa in de bewoonde wereld. Dat meertje[23] heet Walden en zo noemde hij ook het boek dat hij er later over schreef: *Walden; or, Life in the Woods*, een van de belangrijkste en beroemdste werken uit de Amerikaanse literatuurgeschiedenis en tot op de dag van vandaag de 'bijbel' voor veel minimalisten. Thoreau verlangde naar rust en eenzaamheid en wilde 'het eigenlijke, ware leven ontdekken'. Hij schreef naar mijn hart:

'Ik trok de bossen in omdat ik bewust wilde leven [...] en wilde uitzoeken of ik kon leren wat het leven mij te leren heeft, zodat ik niet op mijn sterfbed tot de ontdekking hoefde te komen dat ik niet geleefd had. Ik wilde niet het leven dat geen leven is. Het leven is zo kostbaar. [...] Ik wilde diep leven en al het merg uit het leven opzuigen, zo onverschrokken en spartaans leven dat alles wat niet leven was, vernietigend werd verslagen.'[24]

De algemene opvatting is dat Thoreau het bos in verdween en teruggetrokken in zijn hut woonde. In werkelijkheid heeft hij de bewoonde wereld nooit de rug toegekeerd. Hij was in feite een soort vrijetijdskluizenaar. Hij verbleef eerder in zijn huisje dan dat hij er daadwerkelijk woonde. Regelmatig wandelde hij de drie kilometer heen en terug naar de stad Concord om daar 's avonds bij zijn moeder te eten of de vuile was weg te brengen. Het was ook niet zijn doel om als kluizenaar te leven. Het ging hem erom dat zijn blik werd verscherpt, dat hij over het wezenlijke kon nadenken. Hij was van begin af aan al van plan geweest om weer terug te keren in de beschaafde wereld, wat hij na twee jaar, twee maanden en twee dagen ook deed. Hij was iemand die uit zijn oude leven stapte, maar dan wel slechts tijdelijk, en die bovendien connecties had met andere beroemde schrijvers en denkers: met Ralph Waldo Emerson, die in zijn boek *Nature* het standpunt innam dat de mens eenvoudig en in harmonie met de natuur moest leven. Met Nathaniel Hawthorne, Amerika's grootste romanschrijver (*The Scarlet Letter*). En met de familie Alcott, wier hoogbegaafde dochter Louisa May met haar roman *Little Women*[25] een van de grootste klassiekers in de Amerikaanse jeugdliteratuur schreef. Samen vormden ze in Concord een soort intellectueel centrum van de VS, waar ze ook regelmatig samenkwamen om ideeën uit te wisselen. Tijdens etentjes of wandelingen discussieerden ze over hun denkbeelden en over de natuur.

Het is altijd een grote wens van me geweest om Walden Pond een keer met eigen ogen te zien. Nadat ik mijn studie in Vancouver had afgerond, reed ik met de camper dwars door de VS naar Massachusetts aan de oostkust om een bezoek te brengen aan Concord en het meertje Walden Pond, dat een soort bedevaartsoord voor de milieubeweging was geworden. Toen ik aankwam had ik Thoreaus beschrijving van de plek nog voor ogen. De werkelijkheid was een shock. Het in het boek zo vredig aandoende Walden Pond hoort bij het honderdtweeëntwintig hectare grote beschermde natuurgebied Walden Pond State Reservation. Het meer en de reconstructie van Thoreaus blokhut liggen net buiten de stad aan de drukke doorgaande weg US126 met tankstations, drive-inrestaurants en hotels.

Ik zette mijn auto op de parkeerplaats en volgde de bordjes naar de nagebouwde hut van Thoreau. Ze hadden die replica waarschijnlijk daar neergezet om de bezoekers de wandeling van een halfuur naar de eigenlijke locatie te besparen.

De hut is circa vijftien vierkante meter groot en bedekt met grijze dakspanen. De deur bevindt zich aan het ene uiteinde, de schoorsteen aan het andere en in beide zijkanten zit een witgeverfd dubbel schuifraam. De deur stond open, zoals die ook in Thoreaus tijd altijd openstond om de natuur (vogels, vlinders, bijen) naar binnen te laten. Het was nog vroeg, en ik was de enige. Behoedzaam ging ik naar binnen terwijl ik probeerde mijn verwachtingen met de werkelijkheid in overeenstemming te brengen: een smal bed, een bureau en drie stoelen – 'een voor eenzaamheid, twee voor vriendschap, drie voor gezelschap'.[26] Dat klopte. Op het bureau lag een gastenboek. De commentaren liepen uiteen van 'fantastisch', 'leuk huis!', 'OMG' (o, mijn god), 'mafkees' en 'I love USA' tot 'ik denk niet dat ik hier zou kunnen wonen', 'ik mis de eenzaamheid' of een emotioneel 'vrijheid of dood!'. Ik vroeg me af wat de schrijver hierop te zeggen zou hebben gehad.

Toen de eerste bus met toeristen aankwam, vond ik het te druk worden. Ik volgde een grijze stenen wegmarkering naar een bospad dat een beetje van de rand van het meer af liep. Na een halfuurtje lopen had ik de oorspronkelijke locatie van Thoreaus hut bereikt, die hij overduidelijk zorgvuldig had gekozen. Hij wilde niet dat die aan het water was, omdat de hut daar te veel in het zicht zou liggen en te vochtig had kunnen worden. De hut stond op een lichte verhoging, waardoor hij door de bomen op het meer beneden kon kijken. Het was het eerste onderdak in zijn bezit, op een tent na.

Op de oorspronkelijke plek kon ik voor het eerst de geest van *Walden* voelen. Negen granietblokken, met elkaar verbonden door een ijzeren ketting, markeerden het fundament en de deur van de hut. In een van de granietblokken stond gegraveerd: SITE OF THOREAU'S CABIN, DISCOVERED NOV. 11, 1945 BY ROLAND WELLS ROBBINS.[27] Een platte steen tussen de granietblokken gaf aan waar de schoorsteen precies had gezeten. Op een houten bordje naast de vroegere locatie van de hut stond het citaat 'Ik trok de bossen in...' uit *Walden*.

Dat komt wellicht allemaal – zowel toen als nu – over als heiligenverering, wat ook wel een beetje wordt veroorzaakt doordat Thoreau voor veel Amerikanen de status van een profane heilige heeft bereikt.

Ik ging met mijn rug tegen een boom op de grond zitten en keek naar het meer beneden. Na Thoreaus verhaal had ik me alles groter voorgesteld, uitgestrekter en ruiger, een 'echte' wildernis, niet dat ronde watertje dat vanaf elk willekeurig punt langs de oever helemaal te overzien is.

Het meer heeft een diepte van ongeveer drieëndertig meter en was bij mijn bezoek fascinerend helder.[28] Afhankelijk van de hoek vanwaaruit je het bekeek en het moment van de dag kon het water blauw, groen of volkomen transparant lijken. Thoreau schreef dat Walden Pond door sommigen bodemloos werd genoemd.

Op deze warme dag in oktober was het 's morgens al druk, wat waarschijnlijk ook kwam doordat dit een van de weinige zoetwatermeren in de buurt van Boston is en dus veel mensen uit de stad aantrok. Aan het strand begonnen de eerste gezinnen klapstoeltjes en tafels op te zetten. Kinderen renden heen en weer, een hardloper rende langs de oever. Veel dingen waren anders dan ik me bij het lezen van Thoreaus boeken had voorgesteld.

In principe stelde deze plek niets voor – als dat uitzicht op het meer er niet was geweest, waardoor ik toen direct verkocht was. Waarom eigenlijk? Nuchter bekeken is Walden Pond een heel gewoon meer, zoals er overal ontelbare te vinden zijn. Wat is de magie van deze plek? Is het de ziel van de schrijver, die hier nog leeft? Zijn woorden, die ons niet loslaten?

Zodra ik naar het meer keek, leek de wereld te veranderen. Zijn betekenis, die in geen verhouding tot zijn daadwerkelijke grootte stond, liet die plas voor mijn geestelijk oog groeien en kloppen. Hier en daar stegen er kleine flarden mist in vliesdunne witte veren op vanaf het oppervlak. De rode en gele kleuren van de bomen in herfstkleed weerspiegelden in het heldere water en inspireerden tot filosofische overpeinzingen over de natuur.

Thoreau bracht veel tijd door aan zijn meer. Soms peddelde hij met een boot het water op om daar op zijn fluit te spelen. Of hij ging midden in de nacht vissen, dobberend tussen waken en dromen, tot hij werd gewekt doordat er aan zijn visdraad werd getrokken.

Ik trok mijn schoenen uit en liep blootsvoets langs het strand. Thoreau baadde elke dag; het was een religieuze oefening voor hem. Zou een van de stenen die honderdvijfenzeventig jaar geleden zijn voeten hadden aangeraakt er nu nog steeds liggen? Ik vond het een dwaze gedachte. Als van een tiener die over een popster droomt. In zekere zin was en is die schrijver ook een idool voor me – en een voorbeeld.

Thoreau schonk veel aandacht aan de natuur, het verloop van de jaargetijden en de schepsels waarmee hij het bos deelde. Hij vertelde over de gewoonten van een hele reeks dieren, van de bosmarmot tot de patrijs. Enkele daarvan waren voor hem ook van spiritueel of psychologisch belang. Zo stond bijvoorbeeld de zeeduiker die 'verstoppertje' met hem speelde symbool voor de speel-

sheid van de natuur. Toen hij over een mierenoorlog struikelde, was dat voor hem aanleiding om over menselijke oorlogvoering te filosoferen. Thoreaus belangstelling voor dieren was niet die van een onderzoeker. Hij observeerde en beschreef ze niet neutraal en wetenschappelijk, maar dichtte ze een moralistische en filosofische betekenis toe, alsof ze allemaal een bijzondere les konden leren.

Voordat ik Concord verliet, reed ik naar de begraafplaats Sleepy Hollow, een uitgestrekt terrein met heuvelachtige gazons en bomen, waarop bijna alle overleden dorpsbewoners begraven liggen. Hier ligt Thoreau begraven op de Author's Ridge, tussen de familiegraven van de literaire grootheden: de Alcotts, de Emersons en de Hawthornes. Een kleine grijze steen met de naam HENRY geeft de bescheidenheid en soberheid aan waarin de schrijver had geleefd.

Hoewel het heel anders was dan ik me had voorgesteld, was Walden Pond een fantastische plek om een natuurschrijver te gedenken wiens overpeinzingen over onze manier van leven jaar na jaar pregnanter lijken.

Later pakte ik het boek er nog eens bij, *Walden; or, Life in the Woods*. Nu pas vielen me de vele tabellen op waarin de schrijver zijn inkomsten en uitgaven voor de bouw van de hut en zijn levensonderhoud uiterst nauwkeurig had bijgehouden. Hij zette de kosten af tegen het uurloon dat hij met zijn werk kon verdienen en rekende uit hoeveel tijd hij moest opofferen om zijn eenvoudige manier van leven vol te kunnen houden. Hij observeerde zijn buren, de omwonende boeren bij hun bezigheden en vatte zijn inzichten samen in een van de beroemdste zinnen van de hedendaagse minimalismebeweging: 'De meeste mensen brengen hun leven in stille vertwijfeling door.'[29]

Kosten – uitgaven en aankopen – omrekenen naar levenstijd is een geweldig idee. Heb ik iets echt nodig of kan ik ook goed zonder? Wat levert het me op en wat kost het me? Zo bezien is *Walden* een *simplify your life*-handboek.

Een ander werk van Thoreau is een politiek manifest geworden: *On the Duty of Civil Disobedience* ('de plicht tot burgerlijke ongehoorzaamheid'). Dat essay ontstond toen de schrijver een dag naar de gevangenis moest omdat hij had geweigerd belastingschulden te voldoen. Hij wilde met zijn belastinggeld geen steun geven aan de slavenpolitiek en de uitbreidende Mexico-oorlog van de regering.

Thoreau kende geen compromissen en ging later bij de Underground Railroad, een radicale verzetsbeweging. Het was een netwerk van mensen die vluchtroutes organiseerden voor gevluchte slaven uit het zuiden naar de noordelijke staten van de VS en Canada.

Op deze plicht tot burgerlijke ongehoorzaamheid beriepen zich niet alleen Mahatma Gandhi en Martin Luther King, maar hierop was ook de Amerikaanse burgerrechtbeweging geïnspireerd, en de wereldwijde studentenprotesten uit de jaren zestig en zeventig werden hiermee van onweerlegbare argumenten voorzien. En dit werk kan ook nu nog als leidraad dienen voor de jonge activisten van Fridays for Future.

Thoreaus werken zijn nu – honderdvijfenzeventig jaar later – actueler dan ooit. Hij bepleitte strengheid, eenvoud en eenzaamheid en benadrukte voortdurend het minimalistische van zijn levensstijl en de genoegdoening die daaruit voortkwam.

Voordat ik de wildernis in trok, leefde ik in overvloed. Als ik iets aantrekkelijks zag, kocht ik het. Ik vloog regelmatig de wereld over en gaf veel geld uit aan dingen die ik niet echt nodig had. Ik vloog vaak naar de VS met een tweede, lege koffer om te shoppen. Spijkerbroeken, sneakers en vitaminepillen waren aanmerkelijk goedkoper dan bij ons in Duitsland. Mijn voorraad was ruim genoeg om mijn familie en vrienden tijdens een maandenlange pandemie van hoofdpijntabletten en vitamine C-pillen te voorzien. Amerika was één grote supermarkt. Omdat er toen nog geen Amazon bestond en veel Engelstalige boeken moeilijk te verkrijgen waren in Duitsland, kocht ik massaal boeken in, die ik in gigantische pakketten per scheepspost naar huis stuurde. Zelfs stenen (!) wilde ik bezitten. Bergkristallen uit New Mexico, rivierkiezels uit Alaska: ze sieren allemaal mijn huis en deden toentertijd heel wat medewerkers van de douane verbaasd opkijken wanneer ik daar een pakket kwam afhalen. Ik was letterlijk steenrijk. Maar was ik ook gelukkig?

Thoreau pleitte ervoor dat we onze welvaart niet aan ons bezit afmeten, maar aan de hoeveelheid vrije tijd die we tot onze beschikking hebben. De tijd die ons resteert als we in onze basisbehoeften zijn voorzien is de beste maatstaf voor welvaart. Voor Thoreau betekende dat: 'Een mens is rijk, gemeten naar de dingen die hij niet nodig heeft.'

Wat hebben we eigenlijk nodig voor een goed leven? Hebben we echt zoveel nodig?

In de minimalismebeweging kent men de 'honderd-dingen-uitdaging': kun jij je gehele persoonlijke bezit beperken tot honderd voorwerpen?

Probeer het maar eens. Maak maar eens een kast leeg en tel wat erin zit. Je zult snel het maximum hebben bereikt en waarschijnlijk zelfs de tienduizend dingen die de gemiddelde westerse mens schijnt te bezitten al als een illusie ervaren. We hebben het vertrouwen verloren dat het leven ook met de eenvoudigste middelen geslaagd kan zijn. Maar het gaat er ook niet om zo min mogelijk te bezitten, maar alleen het juiste. Het idee is: doe afstand van de dingen die we toch niet nodig hebben en die we alleen maar houden omdat ze er nu eenmaal zijn.

Ik spreid weleens een deken uit over de vloer en leg daar alle spullen op die ik in de wildernis nodig zou hebben: tent, slaapzak, voeding, water, kleding, gereedschap. Alles past op die deken. Maar voor alle dingen in mijn huis zou zelfs de vloer van een gigantische opslaghal nog niet groot genoeg zijn.

Het meeste is ballast. Ik heb veel te veel huishoudelijke apparaten in mijn keukenkastjes, te veel kleren in de kledingkast, te veel ordners, te veel verplichtingen waardoor ik alle kanten op ga.

Altijd wanneer ik terugkom uit de wildernis heb ik nog meer de behoefte mijn leven te beperken tot wat er echt toe doet. Ik neem me voor om voortaan veel eenvoudiger en soberder te leven, niets te kopen wat ik niet echt nodig heb. Elk voorwerp dat mijn leven niet verrijkt, is ruimte- en geldverspilling. Daarom wil ik alles weggeven wat ik niet nodig heb en me tot niets verplichten wat niet echt noodzakelijk is.

En inderdaad lukt het me dan een tijdje om ruimte te maken voor stilte en eenvoud. Ik laat de televisie met zijn schreeuwerige boodschappen en verlokkelijke reclames uit en ga wandelen met mijn hond. Ik besluit elk moment te vertragen en te genieten in plaats van steeds maar weer de toekomst tegemoet te haasten.

De mogelijkheid om sober en duurzaam te leven heb ik in Minnesota tot in het extreme in praktijk gebracht.[30]

De blokhut waarin ik met mijn wildernisman woonde, werd met hout verwarmd, drinkwater haalden we uit het meer, gesmolten sneeuw leverde water voor het wassen en schoonmaken. Stroom wonnen we met zonnecellen en sloegen we op met autoaccu's. Voor de zeldzame bezoeken aan de supermarkt dertig kilometer verderop pakte ik de fiets, of ik kanode over de vele met elkaar in verbinding staande meren, en 's winters ging ik langlaufend. Vissen vingen we met een hengel in het meer en mijn partner schoot in de herfst een hert, waarvan we het hele jaar aten. Het vlees bewaarden we in een afgedankte vrieskist, die we met ijsblokken koelden. Die hakten we in de winter uit het meer en bedekt met houtspanen sloegen we ze op in een afzonderlijke blokhut. Zo konden de minder houdbare levensmiddelen worden bewaard.

In de voorraadkelders onder de grond sloegen we tot de volgende oogst aardappels en wortels op in met zand gevulde houten vaten. Op planken stonden ingemaakte vruchten en groenten. In deze ruimte was de temperatuur 's zomers en 's winters constant.

Het zuurdesemzetsel dat ik van de buren had gekregen, vulde ik telkens weer aan. Ik kon er heerlijk brood mee bakken in de houtoven. 's Zomers pepte ik het menu een beetje op met verse wilde kruiden die bij ons voor de deur groeiden.

En hierbij produceerden we zo goed als geen afval. Alles werd her- of verbruikt. De restanten van het dode hert legden we buiten voor de blokhut als traktatie voor de familie Marter. Zelfs onze uitwerpselen uit de buiten-wc werden in de herfst opgegraven en als mest over de groentetuin uitgespreid.

Het ontbrak me in die tijd aan niets. Mijn verlangen naar gummibeertjes en drop was al snel vervlogen, vooral ook doordat ik extreem hard werkte. Natuurlijk deed mijn lichaam door het onwennige van de werkzaamheden vaak pijn tot op het bot, maar daardoor kon ik ook voelen hoe levend ik was. Dat eenvoudige leven maakte me kerngezond.

Henry David Thoreau had dagelijks in Walden Pond gezwommen. Dat wilde ik in Minnesota ook proberen. Voor iedereen die kiest voor een leven in de wildernis, maakt het zwemmen in een meer de beleving pas echt compleet. Zodra ook maar het eerste stukje van ons meer ontdooid was, maakte ik me klaar voor een bad.

Wie in de winter buiten een bad neemt, heeft twee vijanden: de wind en zijn zwakkere ik. De wind kun je mijden. Met je zwakkere ik moet je maar leren leven. Met kleine stapjes leerde ik mijn grenzen kennen. Een ijsbad nemen is op het moment dé trend op gezondheidsgebied. De professionals dragen tegenwoordig schoenen van neopreen en handschoenen. Daardoor verliest het lichaam niet zoveel warmte. Dat had ik toen allemaal niet. Maar wel water dat niet warmer dan nul graden was, omdat het werd afgedekt door een dikke ijslaag.

De eerste keer 's winters in een meer stappen was een compleet nieuw gevoel voor me, een mengeling van paniek, inspanning en nieuwsgierigheid. Wat gebeurt er met me? Zal ik het overleven? Dapper en vastberaden maakte ik eerst mijn benen en armen nat met ijswater om er daarna half huppend in te rennen. Een ijzige hand duwde alle lucht uit mijn longen. Mijn lichaam verstarde tot in de kleinste vezels. Ik verloor alle controle. Ik probeerde me te concentreren op mijn ademhaling – diep in en nog langer weer uit. Daardoor werd mijn razende hart iets rustiger. Ik draaide rond in het water, keek naar het landschap en de lucht. Toen maakten de pijn en de angst zich met alle macht kenbaar. Ik klom snel de kant op. Mijn huid was zo rood als een kreeft, ik bibberde over heel mijn lichaam. Ik schoot snel in mijn schoenen, zodat mijn blote, natte voeten niet vastvroren aan het ijs. Ik droogde me af en kleedde me aan. Daarna ging ik een hele tijd rondjes rennen, ondertussen op en neer springend. Beweging moest voorkomen dat ik stierf van de kou. Het duurde een poosje, maar toen werd ik overweldigd door een weldadige warmte en het zo vaak beschreven euforische gevoel het overleefd te hebben. Nu had ik bergen kunnen verzetten. Het was een verfrissende, maar ook heel beangstigende ervaring.

Water, vuur, zonneschijn, regenbogen – de mooiste geschenken van de natuur zijn helemaal gratis. Waarom zijn we er toch van overtuigd dat alleen zo veel mogelijk 'zooi' ons gelukkig kan maken? Een grotere auto, de nieuwste smartphone, nog verdere reizen.

Bovendien hebben matiging en soberheid in ons materiële leven een positief effect op het milieu.

Ik heb onlangs mijn 'ecologische voetafdruk' (gemeten in 'mondiale hectaren', oftewel 'gha', naar het Engelse '*global hectare*') bepaald. Hiervoor bestaan websites waar je een aantal vragen moet beantwoorden op het gebied van voeding, wonen, consumptie en mobiliteit. Mijn uitslag was onthutsend: ik had een ecologische voetafdruk van 4,4 gha: iets onder het gemiddelde in Duitsland (4,9) en aanzienlijk meer dan de mondiale doorsnee (2,8). Een duurzame voetafdruk zou een waarde hebben van 1,7. Mijn score was vooral slecht door mijn huis – oké, ik zal nu gaan verhuizen naar een kleinere woning of een tiny house. Ook is mijn mobiliteit nog te hoog, hoewel ik naar alle lezingen en doorgaans ook op vakantie met de trein reis.

Wat de CO_2-uitstoot betreft zit ik met 10,88 ton iets onder het Duitse gemiddelde van 11,6 ton. Omgerekend naar de wereldbevolking zou ik met het leven dat ik nu leid 2,6 aardbollen nodig hebben. Als ik terugdenk aan de eerste decennia van mijn leven, vooral aan mijn beroepsmatige reizen, dan heb ik bij de vele trans-Atlantische vluchten vermoedelijk twintig of nog meer aardbollen verbruikt. Reden genoeg om het nu beter te doen.

Vliegen is een gevoelig onderwerp voor mij, want ik heb een groot deel van mijn leven in een vliegtuig doorgebracht. Zodra ik aan boord ging, voelde ik me thuis. Mijn schoenen werden vervangen door dikke sokken, mijn boek en flesje water stopte ik in het bagagenetje achter op de stoel voor me, ik trok kussen en deken uit het cellofaan en de handbagage stouwde ik onder de stoel voor me. Dit deed ik allemaal volkomen automatisch voordat ik me met een zucht van verlichting in mijn stoel liet vallen. Ah... weer thuis. Ik genoot van elk moment: als het vliegtuig bij het opstijgen met zijn neus door de wolken in de blauwe lucht kwam en daarbeneden de aarde in al haar schoonheid onder me door gleed. Als we over de met sneeuw bedekte Alpen of de gletsjers van Groenland vlogen, of dwars door het noorderlicht. Er kunnen nu nog tranen van dankbaarheid in mijn ogen springen als ik aan deze momenten terugdenk.

In de jaren zeventig was klimaatverandering geen issue. Tegenwoordig groeit het aantal luchtpassagiers gestaag verder: in 2017 met zeven procent naar 4,1 miljard.[31] Ongeveer drie procent van de wereldbevolking gunt zich de luxe ten minste één keer per jaar te vliegen. En vliegen is nu juist het ergste wat je als individu het klimaat kunt aandoen.

Moeten we ermee ophouden?

Veel mensen zeggen dat ze dat graag zouden willen, maar dan moesten de treinverbindingen wel betrouwbaarder worden. We maken liever de leefomgeving van toekomstige generaties kapot dan dat we vertragingen en ongemak voor lief nemen.

Hoe consequent ben ik zelf? Ik geef toe dat ik het nog steeds niet helemaal kan laten om te vliegen, hoewel ik tegenwoordig liever met de trein reis, vooral binnen Duitsland. Het is geen pleziertje om in een overvol vliegtuig te worden gepropt. Onlangs moest ik naar lezingen en boekpresentaties in Londen en Tallinn. Ik ben met het vliegtuig gegaan, omdat een treinreis veel langer zou hebben geduurd en veel duurder was. Dat is inconsequent, ik weet het. Maar ik ben niet perfect. Ik heb niet de pit van die geweldige Greta Thunberg, die ook leeft naar wat ze aankaart. Ik zou de Atlantische Oceaan niet in een zeilboot kunnen oversteken. Al was het alleen al vanwege mijn gevoeligheid voor zeeziekte.

Als ik aan een beter milieu wil bijdragen, moet ik leren onderscheid te maken tussen behoefte en wens, en nee leren zeggen. Helemaal stoppen hoeft niet, maar reizen moet wel doordacht gebeuren. Grote vliegreizen naar andere continenten heb ik uit mijn leven gebannen. Dientengevolge vlieg ik ook niet meer naar Montana voor wolvenonderzoek. Ik probeer volgens mijn idealen te leven en denk er bij elke reis over na of die noodzakelijk of voor mijn eigen plezier is.[32] Als ik de bescherming van het milieu serieus neem, moet ik ook mijn eigen rol daarin serieus nemen.

Maar het zijn niet alleen onze concrete – fysieke – activiteiten zoals reizen, wonen of eten die schadelijk zijn voor het milieu. Om duurzamer en soberder te kunnen leven, moeten we ook onze digitale activiteiten eens nader onder de loep nemen.

Het internet is ons tweede thuis. Daar communiceren, consumeren en werken we dagelijks. Terwijl we inmiddels in de analoge wereld vrijwel bij alles controleren of het wel klimaat- of milieubewust is, blijft de digitale wereld tamelijk buiten beeld. En dat terwijl ons computergebruik wel degelijk gevolgen heeft.

'Ik ben geen milieuzondaar. Ik verbruik geen natuurlijke hulpbronnen. Ik koop geen boeken of dvd's, maar ik stream mijn films en muziek,' zei een jongen laatst vol trots in een discussie. Maar hij was blijkbaar vergeten dat er heel veel stroom wordt gebruikt voor de enorme hoeveelheden data die hij voor Netflix, Amazon Prime, Twitter, Instagram, Facebook, YouTube enzovoort nodig heeft. Digitale video's zijn heel grote bestanden en die worden met elke nieuwe generatie met een hogere resolutie nog groter.

De digitale technologie is in totaal verantwoordelijk voor ongeveer vier procent van de wereldwijde CO_2-emissie.[33] Het internet produceert ongeveer evenveel CO_2 als het mondiale vliegverkeer. Met het gebruik van onze computers, laptops, tablets en smartphones dragen we dus aanzienlijk bij aan de klimaatverandering.

Voor haar projecten CO_2GLE en Deforest heeft internetkunstenaar Joana Moll de CO_2-footprint van Google uitgerekend. Om één seconde aan zoekopdrachten wereldwijd te kunnen compenseren, zouden er ongeveer drieëntwintig bomen nodig zijn.[34] Achter die zoekmachine zit namelijk een groot aantal energievretende *server farms*. Op de site janavirgin.com/co2/ ben ik mijn directe CO_2-uitstoot in kilo's bij Google nagegaan. Daar ben ik zo van geschrokken dat ik die site direct weer gesloten heb en Ecosia als zoekmachine heb ingesteld in plaats van Google. Ecosia compenseert de CO_2-uitstoot door voor elke zoekopdracht bomen te planten.

Als ik echt iets tegen de klimaatverandering wil doen, levert het weinig op als ik mijn veganistische maaltijd, fietstocht of aankoop in de verpakkingsvrije winkel op Instagram post, en meteen daarachteraan naar de nieuwste films op Netflix ga kijken.

Ik ben benieuwd hoe Thoreau en zijn vrienden in de huidige tijd met elkaar zouden communiceren. Zouden ze nu een WhatsApp-groepje beginnen? Hoeveel volgers zouden zijn ideeën en gedachten over de natuur en duurzaamheid op zijn Instagram- of Facebook-account hebben?

Ik denk dat wij mensen zo erg met onszelf bezig zijn dat we niet meer over de rand van onze smartphone heen kijken. We zien zeker wel wat de gevolgen zijn van ons handelen. We klagen wel – 'Wat erg!' – maar veranderen niets. We vliegen met prijsvechters naar ons vakantieadres of gaan voor de tiende keer een cruise maken. We kopen de nieuwste SUV, waarmee we onze kinderen naar hun school om de hoek brengen. We doen het allemaal, ook al weten we dat we het niet zouden moeten doen. Het laat ons onverschillig. Als wij het maar goed hebben. We stikken in ons eigen egoïsme en lijden aan een onmetelijk gebrek aan menselijkheid. En onze eigen slimme kinderen spijbelen van school om ons erop te wijzen dat we verkeerd bezig zijn.

Kan ik als individu eigenlijk wel iets veranderen als miljoenen anderen op de oude voet doorgaan? Elke verandering begint met een eerste stap. Je leven duurzamer maken is een optie die ieder van ons heeft. We hoeven ons alleen maar te bezinnen op de echte waarden van het leven en op wat er echt toe doet voor ons.

Soberheid is een voortschrijdend proces. Wie er eenmaal mee begonnen is, zal merken hoe bevrijdend het is om dingen weg te geven. Er is al een groot aantal bestsellers geschreven over opruimen en *simplifying*. Er zijn geen algemeen geldende regels; ieder moet voor zich bepalen wat hij kan missen en hoeveel hij nodig heeft. Hoe kan ik bescheidener leven in mijn dagelijkse leven in Duitsland en daarbij nog iets goeds doen voor het milieu?

Mijn persoonlijke recept voor soberheid is eenvoudig: mijn

prioriteiten komen overeen met mijn waarden en wensen. Ik omgeef me met dingen waar ik van hou en wijs alle overvloedige, zinloze dingen af. Ik denk er bij elk voorwerp dat ik koop of bezit over na of het mijn leven verrijkt, gelukkiger maakt.

Ik koop geen goedkope kleren meer, maar alleen goede kwaliteit afkomstig uit eigen land en die lang meegaat. Ook shop ik in tweedehandswinkels en ik ruil kleren met vriendinnen.

Elk van mijn zes paar schoenen draag ik zo lang mogelijk. Wanneer de zool versleten is, breng ik ze naar de schoenmaker – ja, die bestaan nog. Of ik gebruik mijn oude schoenen voor mijn wandelingen met de hond en ten slotte voor in de tuin. Moet ik de schoenen waaraan ik zo gehecht ben geraakt uiteindelijk toch wegdoen, dan doe ik dat met een beetje weemoed – en dankbaarheid. Naar lezingen en de meeste evenementen draag ik inmiddels altijd dezelfde outfit waarin ik me goed voel. Daarmee bespaar ik geld en tijd, die ik anders kwijt was geweest aan het shoppen. De meeste boeken koop ik tweedehands. Nieuwe boeken koop ik in mijn favoriete kleine boekwinkeltje. Voor elk nieuw gekocht boek verkoop ik een oud boek of ik geef het weg. Ik heb maar een paar lievelingsboeken die ik wil houden.

De inrichting van mijn huis komt voor het grootste deel uit het Zweedse meubelwarenhuis. Dat klinkt misschien niet duurzaam, maar mijn Billy-boekenkasten zijn al meer dan twintig jaar oud. Een paar nieuwe meubels die ik me heb veroorloofd zijn hoogwaardig en gaan hopelijk tot het eind van mijn leven mee. Mijn laatste aanschaf was een eettafel van onbehandeld zwaar pallethout, die een meubelmaker voor me op maat heeft gemaakt. Duurzamer kan bijna niet.

In mijn twaalf jaar oude Hyundai Atos past de kist voor mijn hond Shira alleen maar doordat ik de achterbank eruit heb gehaald. Naar lezingen ga ik met de trein, boodschappen doe ik op de fiets.

Ja hoor, natuurlijk gun ik mezelf ook weleens iets. Dat hoort erbij. Door mijn bescheiden leven bespaar ik veel geld, dat ik graag uitgeef aan een etentje in een goed restaurant met duurzame, lokale producten. Of ik ga er even tussenuit door in een mooi hotelletje of pension te gaan zitten, afgezonderd en in de mooie natuur, waar ik met mijn hond kan wandelen.

Wandelen is voor mij de mooiste en duurzaamste manier van vakantie vieren. Het kost niets en ik verspil geen natuurlijke hulpbronnen. Wie open en oplettend door de natuur loopt, gaat automatisch nadenken over duurzaamheid en zijn eigen levensstijl. Hier hebben ze zitten barbecueën, daar afval laten liggen. Ik heb altijd een afvalzak bij me en neem mee wat ik onderweg vind – zolang ik het kan dragen. Helaas worden ook steeds vaker huisraad en afgedankte elektrische apparaten weggegooid in het bos. Niemand die langere tijd in de natuur heeft doorgebracht, komt onveranderd terug.

Van Thoreau heb ik geleerd de kosten van elke aanschaf om te rekenen naar levenstijd. Als het dus om de dingen gaat waar ik zonder kan, dan voel ik me heel rijk.

Maar het gaat niet alleen om mij, maar om deze fantastische planeet, die we door onze steeds grotere hebzucht kapotmaken. We leven in de veronderstelling dat er altijd genoeg water, land en hout zullen zijn en dat olie altijd goedkoop zal zijn. We denken dat welvaart en groei hetzelfde is. We vergroten onze bevolkingsomvang en breiden onze heerschappij tot op de laatste centimeter van de aarde uit. Als we willen overleven, moeten we leren terughoudend te zijn en andere levende wezens ruimte geven om te ademen. We moeten kiezen voor een eenvoudiger en duurzamer leven.

In de natuur vernietigen dieren nooit hun eigen leefomgeving. En wij? Intensieve landbouw vergiftigt onze voedingsbodem, we laten vochtige gebieden uitdrogen en gooien bossen plat om plaats te maken voor asfalt en beton. Voor elke stem die roept: '*Simplify*!

Eenvoudiger! Minder!' roepen tien anderen: 'Meer! Steviger! Groter!'

Wat kunnen we doen? We kunnen onze voedselconsumptie, ons benzineverbruik, het gebruik van hout en metaal, de grootte van onze huizen en auto's en onze hoeveelheid kleding drastisch verminderen, om vervolgens in te zien dat we ook dan niets tekortkomen. En we kunnen wat dan overblijft voor andere dingen gebruiken, en delen wat we hebben.

Als we niet zo in beslag worden genomen door bezit, ons niet zo gek laten maken door altijd maar bezig te moeten zijn, konden we meer met onze kinderen spelen, zorgen voor de ouderen, bloemen planten, boeken lezen, muziek maken, naar de vogels in de tuin kijken. We zouden ons meer om ons land kunnen bekommeren.

Thoreaus vraag wat in het leven echt van belang is en zijn gepassioneerde pleidooi voor verantwoordelijkheid, zelfbestemming en een duurzaam leven dicht bij de natuur hebben ertoe geleid dat ik over mijn eigen leven ben gaan nadenken en het heb aangepast.

In de wildernis heb ik geleerd dat een eenvoudig, bescheiden leven ons gelukkig kan maken. Je hoeft niet moeilijk te doen. Het is genoeg om de dingen te nemen zoals ze zijn, zoals ze op ons afkomen, je over te geven aan het alledaagse leven. Geluk vind ik niet in uiterlijkheden. Het komt van binnenuit.

Soberheid is een geschenk dat niet alleen voor onszelf goed is, maar ook voor de wereld om ons heen.

DE GROTE STILTE

Het was koud op die februariochtend in Montana. Het vale licht van de opkomende zon omhulde de contouren van de Barronette, een bergtop in het noorden van Lamar Valley, terwijl de thermometer langzaam vanaf het bar lage minimum van min dertig graden Celsius omhoog begon te klimmen.

Ik gunde mezelf na twee volgeboekte wolventours een tijdje vrijaf en verheugde me op een trektocht naar het afgezette acclimatiseringsgebied van de Rose Creek-roedel. Dat is de enige afzetting die sinds de herintroductie van de wolven in 1995 nog overeind staat – vooral als metalen gedenkteken voor de herintroductie van dat grote roofdier.

Op de parkeerplaats van de Buffalo Ranch midden in Yellowstones Lamar Valley bond ik de sneeuwschoenen onder, want vanaf daar waren er geen vaste paden meer. Het pad liep hoog de bergen in. Hoewel er vóór mij al een paar hikers hierlangs waren gekomen, moest ik oppassen dat ik niet verdwaalde, want de vers gevallen sneeuw had hun sporen bijna uitgewist. Met een picknick en een thermoskan thee in mijn rugzak ging ik op weg. Eerst liep ik nog in kleine omweggetjes om de bizons heen die op hun gemak midden op het pad lagen. Ze zagen er vredig uit, die reusachtige donkere bakbeesten. Maar ik weet dat ze furieus kunnen worden als ze geïrriteerd raken of gestoord worden, en daar wilde ik het niet op aan laten komen.

Het pad was net nog breed geweest, maar werd nu steeds smaller en kronkelde omhoog over uitgestrekte bergweiden, die nu onder een dik pak sneeuw verborgen lagen. Af en toe liep ik langs een boom met lange inkervingen in de stam: krabsporen van beren. Maar nu, in februari, hoefde ik niet te vrezen door een beer te worden overvallen, omdat de grizzly's nog heerlijk van hun winterslaap lagen te genieten.

Het sneeuwschoenpad naar de Rose Creek-afzetting is langer dan de Sommer Trail, die door het bos gaat. Maar die is zo steil dat die in de winter onbegaanbaar is. Regelmatig bleef ik even op een uitkijkpunt staan om van het weidse uitzicht over Lamar Valley te genieten, waar de sneeuw onder de steeds hoger klimmende zon lag te glinsteren. Negenduizend vierkante kilometer eenzaamheid strekte zich voor en achter me uit, een landschap van vuur en ijs, waar alle grote diersoorten van dit continent voorkwamen.

Behalve mijn ingespannen ademhaling en het knerpen van de sneeuw onder mijn sneeuwschoenen was er geen geluid te horen. De zon werd langzaam krachtiger. Mijn dikke donsjas had ik al een hele tijd geleden in mijn rugzak gepropt en vervangen door een fleecejack. De zonnestralen brandden op mijn huid. Je vergeet maar al te snel dat je je hier op vijfentwintighonderd meter hoogte bevindt. Het bergop lopen met sneeuwschoenen viel me nu zwaarder. Drijvend van het zweet zag ik na een voetmars van drie uur in de verte het metalen hek achter de bomen zilverachtig glimmen. Nog één heuveltje beklimmen en ik was er. In de sneeuw zag ik sporen waarvan ik niet kon uitmaken of die van een coyote of van zijn grote soortgenoot waren. De coyotes van Yellowstone zijn uit de kluiten gewassen en worden door toeristen vaak voor wolven aangezien. Door de zon waren de sporen van de hondachtige deels gesmolten, waardoor ik ze moeilijk kon determineren. In het gebied waar ik nu doorheen trok, lag het favoriete werphol van de Druid Peak-wolven. Het was dus heel goed mogelijk dat de roedel zich hier in de buurt ophield.

Eindelijk was ik bij het ronde hekwerk aangekomen. Zwaar ademend van de klim liep ik naar de omheining. De zon had de sneeuw deels doen smelten. Ik trok de sneeuwschoenen uit, opende de poort en deed die achter me dicht. De houten hutten die indertijd als beschutting voor de wolven waren gebouwd, vervielen langzaam. Op plekken waar de sneeuw was gesmolten, lagen nog een paar gebleekte hertenbotten.

Ik ging op een droog stukje zitten. Met mijn rug tegen een oude den had ik een goed uitzicht over de omliggende bergen. Hoe zouden de eerste wolven zich hebben gevoeld, die in 1995 uit hun vrije leventje in Canada waren gehaald en hiernaartoe waren gebracht? Gescheiden van hun familie, verdoofd, door mensenhanden gemeten en gewogen, in krappe, donkere metalen kisten opgesloten en naar dit terrein vervoerd. Het deurtje ging open, maar er was geen ontsnappen aan. Ze probeerden te vluchten, weg van die vreselijke geur van de tweevoeters. Maar het hek hield ze tegen en gaf niet mee, zelfs niet als ze er tot bloedens toe in beten. Op een gegeven moment legden ze zich erbij neer en deden wat dieren altijd al hebben gedaan om te overleven: ze pasten zich aan. Ze aten het voer dat ze kregen, stichtten een nieuwe familie en keken uit over het geweldige landschap dat voor ze lag. Of wolven over vrijheid dromen? Hoe zou het voor ze zijn als de poorten werden geopend en ze het gebied betraden dat hun nieuwe thuis was?

De boom waaronder ik zat, was getuige geweest van die gebeurtenis. Ik benijdde hem zeer omdat hij die opwindende tijd had mogen meemaken waarin de wolven geherintroduceerd werden. Voor me steeg 'diamantstof' op: heel kleine ijskristallen die door de kou in de lucht werden gevormd en fonkelend om me heen zweefden.

De rust is – naast de wolven – een van de voornaamste redenen waarom ik vooral in de winter zo van Yellowstone hou. Het is de stilte van de kracht, van potentie, van uithoudingsvermogen en geduld. Die stilte was zo allesomvattend dat ik dingen begon te horen. Onder in het dal zongen de coyotes hun lied, de bomen zuchtten en knarsten als de wind ze beroerde. Ik hield mijn adem in en hoorde mijn eigen hartslag. Al die geluiden versterkten de geluidloosheid om me heen. In opperste concentratie probeerde ik iets anders te horen, maar er was niets.

Ik schrok op uit mijn gedachten door de vleugelslag van een grote raaf en zijn hese gekras. De vogel was op het hek gaan zitten, hield zijn kop scheef terwijl hij me met zijn zwarte ogen nieuwsgierig opnam en toekeek terwijl ik mijn sandwich uitpakte en thee inschonk. De raven van Yellowstone staan bekend om hun slimheid en zijn berucht vanwege het feit dat ze geleerd hebben hoe ze klittenbandsluitingen van rugzakken kunnen openen om bij etenswaar te komen. Bij mij had hij pech.

'Vergeet het maar!' riep ik hem toe. 'Zoek je eten maar zelf.' De raaf hupte van het hek af en paradeerde een paar keer voor me heen en weer over de grond, waarna hij met een luid 'kra' wegvloog.

Ik huiverde van de kou. Dikke wolken dreven voor de zon. In de bergen verandert het weer snel. Toen de eerste sneeuwvlokken neerdaalden, ging ik op weg naar beneden. Nog maar vaag zag ik in de verte de contouren van de Buffalo Ranch. Net op tijd, voordat het witte gordijn dichtging, stond ik weer beneden aan de berg.

Langzaam reed ik met de auto terug naar mijn blokhut in Silver Gate. Bij camping Pebble Creek, die nu in de winter gesloten was, stond een elandkoe in de diepe sneeuw, die haar lange nek uitstrekte naar een sparrentak. Ze plukte er de overgebleven knoppen af waar de herten niet bij hadden gekund.

Het stuk tussen Pebble Creek en Cooke City is elandengebied. In tegenstelling tot de herten, die in de winter naar de dalen gaan, trekken de elanden zich terug in de hoger gelegen gebieden. Daar, in de beschutting van de naaldwouden, is er minder sneeuw en ook nog voldoende voedsel. Vooral in het donker is het hier oppassen geblazen, want wie wil er nou tegen een eland van een ton opbotsen?

In Silver Gate brandde er slechts hier en daar licht in de kleine blokhutjes. Eigenlijk is dat helemaal geen echte plaats, maar meer een aantal bij elkaar staande hutjes en een verloederd motel. Daarmee vergeleken is Cooke City bijna een grote stad. Daar zijn een hoofdstraat, twee tankstations (waarvan één met openbare internetaansluiting), vier motels en een kruidenierswinkeltje te vinden, dat alleen in de zomer geopend is. In de winter doen de lokale bewoners hun boodschappen bij een tankstation. In Miners Saloon komen de blokhutbewoners, die het in de wildernis zonder televisie moeten stellen, geregeld bij elkaar om American football te kijken. Er staat een klein blokhutkerkje halverwege tussen Silver Gate en Cooke City, dat door de inwoners van beide plaatsjes wordt bezocht.

Je zou denken dat het er in een stadje als Cooke City, dat doorgaat voor een van de meest geïsoleerde steden van Amerika (buiten Alaska) en waar niet meer dan negentig tamelijk verwilderd uitziende figuren het hele jaar door wonen, betrekkelijk rustig aan toeging. Maar niets is minder waar.

Toen ik er die avond nog een keer binnenreed om te tanken en iets te eten, hoorde ik al van verre het gedreun van sneeuwscooters. Elke winter komen scooterbezitters dit plaatsje teisteren. Wat normaal een plek met gezonde berglucht was, lag nu gehuld in een dikke blauwe rookwalm, afkomstig van de constant draaiende motors van dit moderne mannenspeelgoed.

Ik parkeerde mijn auto bij de Soda Butte Lodge, het oudste hotel en enige restaurant in Cooke City. Minstens dertig sneeuwscooters vol blinkend chroom stonden keurig op een rijtje voor de ingang, enkele met draaiende motor, terwijl de eigenaren zich warmden bij het grote haardvuur in de lobby. Ik ging aan een tafeltje bij het raam zitten en bestelde een hamburger bij Michael, de altijd goedgehumeurde en vriendelijke student die zelfs bij de zwaarste vorst nog in korte broek bedient. Culinaire hoogstandjes hoefde je in het Wilde Westen niet te verwachten. Maar enorm was mijn broodje vlees wel, dat met een gigantische portie vette friet vocht om een plaatsje op mijn bord.

Toen ik later het hotel uit liep, zag ik hoe Michael een poolvos voerde, die bedelend door een tot beneden doorlopend raam stond te kijken. Hij vertelde me dat het beestje hier elke avond zijn portie rauwe eieren kwam halen.

Een paar sneeuwscooterbestuurders lieten hun machine loeien, legden de twintig meter naar de Miners Saloon af, stampten de sneeuw van hun zware laarzen en verdwenen in de bar, waaruit luid countrymuziek naar buiten drong.

Het contrast tussen de stilte van het nationale park en het lawaai van het stadje had niet groter kunnen zijn. Gelukkig zijn sneeuwscooters in bijna heel Yellowstone verboden. Cooke City ligt buiten de grenzen van het park, maar mijn blokhut in Silver Gate was een toevluchtsoord van rust.

Jarenlang heb ik een leven geleid met veel geluid. Als stewardess en reisleider was ik de hele tijd omgeven door lawaai. Des te meer heb ik op mijn reizen de stilte gezocht en in de nationale parken van Amerika ook vaak gevonden. Ik ben door de Grand Canyon en door Bryce Canyon getrokken, heb gekanood door Boundary Waters Canoe Area in Minnesota, heb de mammoetbomen in Muir Woods in Californië bewonderd en in het Big Bend National Park in Texas onder een ongelooflijke sterrenhemel geslapen. Die parken zijn weliswaar goedbezochte toeristische attracties, maar zodra je van de weg af gaat, kun je na een paar meter al onderduiken in een magische stilte.

Waarbij echte stilte anders is. Geluidsonderzoekers zeggen dat die onder veertig decibel begint – en niet, zoals je zou verwachten, bij nul decibel. Een aangename stilte bestaat uit zachte, weldadige en tegelijkertijd continue geluiden: kabbelende golven, boomtoppen in de wind, gonzende insecten. Absolute stilte kunnen we niet verdragen.

In de vs is een plek die als absoluut stilste plek op aarde geldt. In een geluiddichte kamer van de Orfield Laboratories[35] in Minnesota wordt een geluidssterkte van circa min negen decibel gemeten. De dikke wanden van staal, beton en speciale constructies van glasvezel absorberen 99,99 procent van alle geluiden. Het enige wat je hoort is je eigen hartslag; je wordt zelf een klank. De kamer is bedoeld om astronauten voor te bereiden op de doodse stilte in het heelal, waar niet iedereen tegen kan. Het schijnt dat niemand het hier langer dan vijfenveertig minuten heeft volgehouden. Binnen de kortste keren treden er hallucinaties op.

Hallucinaties na lange stilteperioden heb ik zelf ook meegemaakt. Na de dood van mijn hond Lady zocht ik de afzondering om de pijn te verwerken. Ik wilde geen afleiding door het alledaagse leven, maar me helemaal overgeven aan het gevoel van verlies. Ik wilde mijn binnenste naar buiten keren, huilen, schreeuwen, in elkaar storten om me vervolgens opnieuw in elkaar te laten zetten. Dus ik trok me terug in mijn blokhut in Minnesota, maakte lange lentewandelingen in de bergen, dook onder in de eenzaamheid van de wildernis en liet mezelf verdwijnen. Al mijn zintuigen waren opeens klaarwakker, gescherpt door de stilte. Alles werd intensiever. Ik kon de geluiden beter onderscheiden: het ruisen van de wind en storm, het kabbelen van het water. En zelfs kleuren zoals het blauw van de lucht leken helderder te worden.

Ik was geen observeerder van de natuur meer, ik was er onderdeel van geworden. Ik voelde me helemaal in het nu.

Ook de negatieve gevoelens werden intenser. Vertwijfeling en verdriet namen weer bezit van me, trokken me verder naar beneden. Nu begreep ik wat mensen bedoelen als ze het over 'hutkoorts' hebben, als er niets meer is behalve de grote stilte. Het is niet moeilijk om je op zulke momenten onder te dompelen in extreme gevoelens. Loslaten en in het niets duiken.

Voor mij waren die momenten van eenzaamheid en stilte in de

wildernis heel troostrijk. Dat ik wist dat de natuur er altijd zal zijn en dat er op elk sterven nieuw leven volgt, heeft mijn verdriet in een ruimer kader geplaatst en me genezen.

De klank die hier op aarde het meest bedreigd wordt, komt niet van een met uitsterven bedreigde diersoort of een verouderd transportmiddel – het is de stilte. Wie weleens gedurende langere tijd in de natuur heeft gewoond, heeft moeite om te leven met het lawaai in de bewoonde wereld. Het begrip 'geluidsvervuiling' hoor je inmiddels bijna net zo vaak als milieuvervuiling. Lawaai kan je ziek maken. In Duitsland wonen miljoenen mensen in gebieden die te lawaaiig zijn. Om dit probleem tot het algemene bewustzijn te laten doordringen, heeft de DEGA, een vereniging ter bevordering van onderzoek en toepassing van akoestiek, in 1998 de International Noise Awareness Day[36] in het leven geroepen, de dag tegen lawaai. De meeste mensen hebben last van te veel verkeerslawaai, daarna volgen luidruchtige buren en geluidsoverlast van industrie of bedrijven. Ik woon aan een drukke rondweg en veel van mijn buren werken veel in de tuin of hebben een open haard. Dat betekent dat ze in de zomer elke zaterdag de hogedrukreiniger aanzetten om elk sprietje groen tussen de stenen weg te spuiten, de grasmaaier starten en met de cirkelzaag de houtvoorraad voor de winter op peil brengen. Gelukkig zijn er zondagen, waarop de wereld een klein beetje uitrust.

Stilte is een diepzittende behoefte van de mens. Maar die kunnen we tegenwoordig bijna nergens meer beleven. En hoewel Yellowstone tot de rustigste plekken ter wereld behoort, dient het lawaai zich ook hier aan.

'Hallo! Hallo! Klaus, ben jij dat? Hallo!'

De stem die daar de stilte in Lamar Valley doorsnijdt, is luid en dwingend.

'Ja, ik ben het! Helmut hier. Weet je waar ik nu zit? In Yellowstone! We zijn gisteren aangekomen. Shitvliegmaatschappij. Vier uur vertraging. Die zijn nog niet van me af, wacht maar tot ik weer thuis ben. En weet je, nu sta ik voor een roedel bizons. Echt cool. Hallo?'

Helmut kijkt radeloos op zijn schermpje, houdt zijn telefoon in de lucht, draait een paar keer om zijn eigen as en swipet geërgerd over het display. Geen ontvangst.

De 'roedel' bizons is vreedzaam grazend verder getrokken. De beller vallen dodelijke blikken ten deel van de overige toeristen, die het Duits van Helmut weliswaar niet verstaan, maar die zich gestoord voelen bij het observeren van de dieren. De nieuwsgierige coyote die op weg was naar het kleine groepje blijft staan en houdt zijn kop scheef. Snel duikt de das, die net zijn gestreepte kop uit zijn burcht had gestoken, weer weg. Dat ontgaat Helmut allemaal. Hij gaat door met zijn tirade over 'die achterlijke Amerikanen' en de slechte service.

De digitale wereld is in opmars in Yellowstone en heeft op veel plaatsen de rust verdreven. En dat werkt steeds meer bezoekers op hun zenuwen.

Ik kan niet tegen te veel geluid, vooral wanneer ik aan het werk ben. Collega-schrijvers vertellen weleens dat ze ter inspiratie een of ander muziekje luisteren. Ik heb daarentegen rust nodig en zit deze tekst in volkomen stilte te typen op mijn werkkamer met geluiddichte ramen. Zo lukt het me om in de dagelijkse routine stilte te vinden. Na een moment van rust is het weer makkelijker om belangrijke en minder belangrijke zaken van elkaar te scheiden.

Veel mensen klagen over lawaai, terwijl ze zich vrijwillig omringen met hun eigen muur van geluid, waar ze ook zijn. Een leven zonder mobiele telefoon, radio of televisie kunnen ze zich niet voorstellen. Er zijn mensen die bang zijn voor stilte. Iemand die ik ken heeft slaappillen nodig als ze op een rustig plekje vakantie viert, omdat ze niet tegen de stilte kan. Onze neiging om altijd maar oordopjes te dragen, ontwikkelt zich tot een aangeleerde doofheid. We sluiten de werkelijke wereld buiten ten gunste van onze persoonlijke geluidswereld. De prijs daarvoor is dat we vergeten hoe je moet luisteren.

Ik zoek de hele dag naar momenten van stilte, zit er de hele dag op te loeren, om die vervolgens zo snel mogelijk te pakken. Soms moet ik zo'n moment voor mezelf creëren. De telefoon uitschakelen, de afwezigheidsmelder op de mail aanzetten, nee zeggen tegen uitnodigingen. Dan ga ik met mijn hond wandelen in het bos. De geweldige natuur betovert me. Ik luister naar het niets, en zijn stille melodieën en ritmes klinken harmonieus. De dieren vertellen me over de grote stilte van hun thuis en verwelkomen me daar.

Het wordt akelig als de klanken en geluiden opeens uit de natuur zijn verdwenen. Ik heb eens een keer een zonsverduistering meegemaakt. Terwijl de maan voor de zon schoof, werd het steeds donkerder – en stiller. De vogels hielden op met zingen. Het was een verontrustend gevoel. We associëren het gezang van vogels met waakzaamheid en veiligheid. De wereld is in orde, zo hebben we dat in de loop van onze evolutie geleerd. Als de vogels niet zingen, dan klopt er iets niet. Dat kan een ophanden zijnde natuurramp zijn, maar ook een zonsverduistering.

We zoeken allemaal naar plekken waar we ons goed voelen en die ons leren wat belangrijk is. Die plekken inspireren ons en bieden zo creativiteit en hoop en verbinden ons met het universum. We hebben ze nodig voor een gezonde geest, en we hebben de verplichting ze te beschermen en in stand te houden. Als een plek ons leven, vrijheid en schoonheid levert, dan is die voor iedereen van waarde.

Voor mij was mijn blokhut in Minnesota een bijzondere plek van stilte. Ik was zo ver weg van de wereld dat er een oorlog had kunnen uitbreken zonder dat ik er iets van meekreeg. Mijn paradijs en toevluchtsoord was het meer bij de blokhut. Telkens als ik ergens over moest nadenken of gewoon alleen wilde zijn, peddelde ik met de kano eropuit. De rust en de vrede waren overweldigend. Wanneer ik de peddel aan boord trok en me gewoon liet drijven, werd ik deel van het spiegelgladde watervlak. De kracht van de stilte pakte me, terwijl die ongrijpbaar bleef voor mijn zintuigen. Ik voelde de eenzaamheid om me heen en verloor de grenzen van mijn bestaan in deze oneindige uitgestrektheid. Je moet alleen zijn met de natuur om die echt te kunnen beleven. Ik liet me op de bodem van de boot glijden en keek naar de wolken. Toen ik vervolgens in slaap was gevallen, werd ik in de invallende schemering gewekt door de roep van de Virginia-uil die in het bos haar nest had. Aan de oever van een van de vele zijarmen van het meer kreunde een witte spar onder het gewicht van het nest van een witkopzeearend.

Zo bracht ik heel wat dagen door, ik observeerde dieren, schreef in mijn dagboek, las of zat gewoon maar wat te dromen. Af en toe zag ik een vogel die alleen in het noorden voorkomt, de ijsduiker, of *loon* in het Engels. Ik was meteen onder de indruk van hem, met zijn rode ogen in een zwarte kop en daaronder een nek met een zwart-witte tekening die op een plooikraag leek. Ik was nog het meest gefascineerd door zijn roep: een wild lachen dat in het donker over het stille meer schalde – een hypnotiserende, bijna spirituele ervaring. De grootte van de ijsduiker verraste me. Ik kon me niet voorstellen dat hij met zijn geweldige gespikkelde vleugels wel genoeg stijgkracht kon ontwikkelen. Maar toen zag ik hem: als een afgeladen jumbojet die van een veel te korte startbaan wil opstijgen, begon hij op het water tegen de wind in te rennen en terwijl hij steeds harder ging, trok hij op het laatste moment zijn landingsgestel in – oftewel zijn poten – en scherend over de toppen van de witte sparren steeg hij op. Als het meer iets korter was geweest, was de vogel bij deze start gegarandeerd tegen de bomen aan geknald.

Zijn bijzondere kwaliteiten toonde deze alleskunner echter bij het duiken. Met hoge snelheid schoot hij bij het foerageren de diepte in en bleef zo lang onder dat ik een keer bij het klokken helemaal ongerust werd: veertig seconden! Het ijsduikerpaartje dat mijn meer als territorium had, stelde in het voorjaar zijn kroost aan me voor. Het vrouwtje droeg de kuikens op haar rug. Behaaglijk weggestopt tussen de veren van hun moeder keken ze me met hun kraaloogjes aan. Kennelijk was ik in de kano in hun ogen ongevaarlijk, want mama-ijsduiker gaf nooit een blijk van schuwheid als ze weer eens vlak langs mijn boot zwom.

Ook observeerde ik regelmatig visotters en een bever, die aan de tegenoverliggende kant van het meer een nieuwe burcht bouwde. Geen enkele van die dieren was bang voor me of vluchtte weg. Daardoor werd ik een deel van ze en vergat ik die andere wereld daarginds. Mijn bestaan werd gereduceerd tot dat ene bootje op het meer, het schommelen van het water, de geur van dennen en sparren en de warmte van de lentezon op mijn huid. En de volmaakte stilte, alleen onderbroken door het hysterische jodelen van de ijsduiker. Op die momenten was mijn leven perfect.

Zijn er in Duitsland ook stilteplekken waar ik me kan terugtrekken? Misschien is het bos zo'n plek. Het kan tot negentig procent van het lawaai weren, alhoewel het hier ook zelden helemaal stil is. In de verte hoor je het geruis van snelwegen, het lawaai van motorzagen of bouwplaatsen, een vliegtuig dat overvliegt.

Het kan zijn dat ik de stilte op de verkeerde plek zoek. Als ik die alleen maar in de natuur wil vinden, zal ik altijd bezig blijven. Want er zijn overal geluiden. Sommige mensen zien zelfs het gezang van een vogel als 'lawaai'. Misschien moet ik stilte anders definiëren, niet door de afwezigheid van geluiden, maar van afleiding. In het dagelijkse leven bombarderen we elkaar voortdurend met prikkels van buitenaf, zijn we afgeleid waardoor we het contact met onze innerlijke stem verliezen. Die horen we niet meer door al het lawaai in de wereld. Pas als het stil is, komen we weer met haar in contact. We zijn als een glas met water dat we uit een rivier hebben gehaald. Het is troebel door de vele zanddeeltjes die we hebben opgewoeld. Pas als we het glas rustig laten staan, zinken alle deeltjes naar de bodem en wordt het water helder. Zo is het ook als we ons terugtrekken in de stilte. We krijgen weer contact met onze innerlijke stem, zien alles helderder en kunnen het wezenlijke van het overige onderscheiden.

Je kunt met de stilte leren omgaan. Monniken en nonnen zijn daar meester in. Ik wilde weten hoe zo'n stilte aanvoelt en boekte een 'zwijgweekend' in abdij Königsmünster[37] in Meschede. Ik werd ondergebracht in een eenpersoonskamer met badkamer in het Huis van de Stilte. Vanaf het bureautje voor het raam dat doorliep tot op de vloer keek ik uit op een tuin met bloeiende fruitbomen. Door het aangrenzende kloosterpark maakte ik lange wandelingen. Er waren vaste etenstijden voor het ontbijt en avondeten in de kleine eetzaal en er was maar één regel: geen gesprekken. Aanvankelijk voelde ik me heel onzeker. Begroet ik de mensen bij het ontbijt met 'Goedemorgen'? Hoe vraag ik om het zout? Ik merkte algauw dat je met een knikje en een glimlach veel kunt zeggen – helemaal zonder woorden. Niet praten. Geen 'Waar kom je vandaan?' of 'Wat doe je in het dagelijkse leven?'. Eerst kwam het onbeleefd op me over, maar later juist steeds respectvoller en heel weldadig. Waarom moeten we in het dagelijkse leven eigenlijk altijd zoveel kletsen? Soms blijven we maar eindeloos doorpraten, worden ongeconcentreerd en dwalen af met onze gedachten, trekken ons terug uit het heden in plaats van aandachtig en alert te zijn. We praten over onze gevoelens heen in plaats van ze waar te nemen. Na dat weekend in het klooster was er iets in me veranderd. Ik ontdekte dat het weglaten van woorden ruimte schiep. Het bracht me tot rust. Tot ruimer ademhalen. Tot zijn. En ik zag in dat ik niet per se een klooster nodig had om dicht bij mezelf te zijn. Het is voldoende om gewoon een keer niets te zeggen, zelfs als ik samen ben met anderen. Of om me een tijdje terug te trekken, zodat mijn innerlijke stem me weer vertrouwd wordt.

Buiten de wildernis, in mijn dagelijkse leven vind ik tegenwoordig overal eilandjes van rust: in een kerk, de bibliotheek, het park, het bos, in stilteruimten op vliegvelden en stations, bij de yoga. Maar ook wanneer ik met een goede vriendin na een diep gesprek bij de thee op een terras zit en we samen zwijgend van de zonsondergang genieten.

Zelfs midden in een rumoerige stad kun je stilte vinden. Onlangs zag ik op het station van Frankfurt een man naast het spoor op een bankje zitten, die duidelijk aan het mediteren was. Uit zijn donkere pak met bijpassend gekleurde stropdas, de glanzend gepoetste schoenen en de laptoptas was te concluderen dat hij een zakenman was. Hij had zijn ogen dicht en straalde de vredigheid van een boeddha uit. De gehaaste mensen om hem heen noch de omroepberichten leken tot hem door te dringen. Pas toen de hogesnelheidstrein binnenreed, deed hij zijn ogen open en op zijn gemak stapte hij in. Ik was onder de indruk – en een beetje jaloers.

Stilte zit in ons en is een geschenk dat we onszelf telkens opnieuw kunnen geven.

Voor mij als vroege vogel is de ochtendschemering het vredigste en gelukzaligste moment van de dag. Ik doe de hond zijn riem om en ga wandelen in de natuur. Op mijn favoriete berg bij mijn woonplaats kijk ik hoe de sterren verbleken en het zwart van de hemel verandert, van indigoblauw naar grijs en perzikkleurig naar een bleek blauw. Op zulke momenten wordt mijn wereld gereduceerd tot haar basiselementen en zie ik wat er werkelijk toe doet. Alles staat stil.

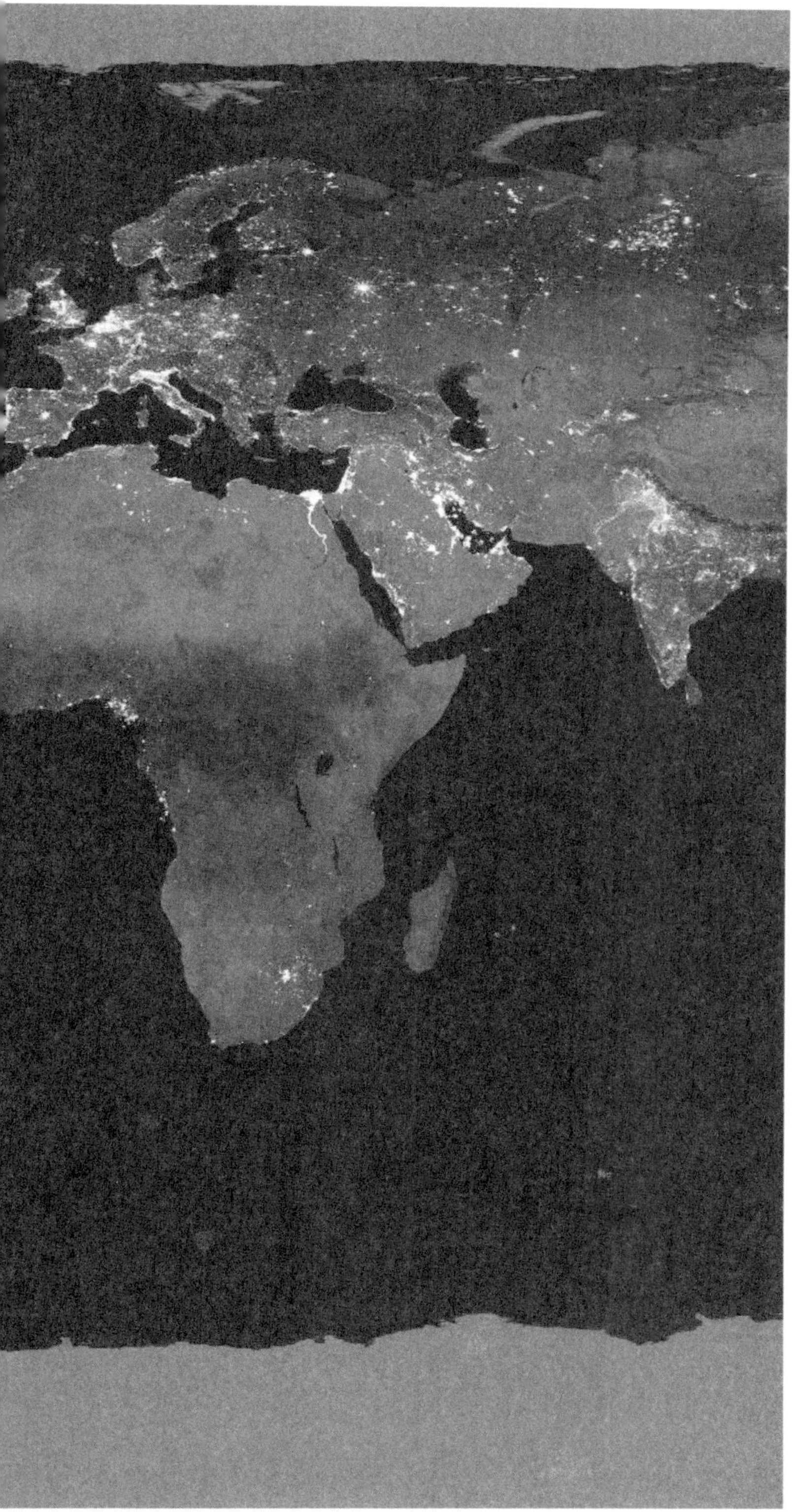

DUISTERNIS EN STERREN

In de winter van 1999 vloog ik voor research naar het zuidwesten van de vs om meer te weten te komen over de Mexicaanse wolf, die een jaar eerder geherintroduceerd was in Arizona en New Mexico. Ik sprak met wetenschappers, bezocht het omheinde acclimatiseringsterrein van de wolven dat nu leeg was en hoopte in de vrije natuur een glimp op te vangen van deze zeer zeldzame en met uitsterven bedreigde hondachtige. Helaas tevergeefs.

Een bevriende bioloog en medewerker van het wolvenproject gaf me een tip: 'Probeer het eens helemaal in het zuiden van Texas. Daar trekken regelmatig solitaire exemplaren naartoe vanuit Mexico. Officieel hebben we het daar nooit over, omdat de wolf niet erg geliefd is onder de boeren.' Hij raadde me het Big Bend National Park als uitgangspunt aan en wenste me geluk.

Via Tucson en El Paso ging ik op weg naar een van de meest afgelegen en wilde gebieden in het zuidwesten van de vs. In Marathon boog ik af van de Interstate 90 richting het zuiden, naar het achthonderdduizend hectare grote Big Bend National Park. De naam heeft betrekking op de bocht in de Rio Grande, de grensrivier tussen Mexico en de vs, die onder de Chisos Mountains abrupt anders gaat lopen. Komend vanuit het noorden maakt hij een grote kronkelige V voordat hij weer in zuidelijke richting verder stroomt naar de Golf.

De weinige wegen in het park slingerden over de woestijnbodem, waar stortregens regelmatig botten van dinosauriërs blootleggen. Ze liepen naar rivierkloven met wel vijfhonderd meter hoge, steile rotswanden en klommen omhoog tussen door erosie gevormde toppen, die twaalfhonderd meter boven het omliggende land uit staken.

De vegetatie veranderde naarmate de reis verder richting het zuiden van het park vorderde. Eiken en jeneverbes werden vervangen door cactussen, het berglandschap werd woestijn. Bij de Panther Pass hield ik een pauze en genoot ik van het uitzicht op de dicht op elkaar staande, verweerde rotsmassa's voor ik over een bochtige weg verder reed naar het Chisos Basin Visitor Center. De ranger daar gaf me een kaart waarop de weinige campings in het park waren aangegeven. Op mijn verzoek gaf hij me een backcountryvergunning, met de waarschuwing: 'U bevindt zich hier in het grensgebied met Mexico. Afgezien van een paar *wetbacks*' – zo worden de illegale immigranten genoemd die de rivier oversteken naar de VS met hun bagage op hun rug – 'lopen hier ook nog wel wat Mexicaanse drugshandelaren rond. Maar de laatste tijd was het rustig.'

Ik beloofde me bij hem af te melden voordat ik het park weer verliet, zodat hij geen zoekpatrouille voor me hoefde te organiseren.

Toen schoot me nog iets te binnen: 'Ik heb al veel gehoord over de duisternis en de sterrenhemel hier. Kunt u me daar iets over vertellen?'

De ranger begon te stralen: 'Geloof me, als u daarnaar op zoek bent, zit u hier goed. Dit is de beste plek op aarde om sterren te kijken.'

Hij haalde een astronomiefolder uit een lade en gaf die aan mij. 'Laat u betoveren en blijf uit de buurt van de campings, want daar is nog veel te veel licht.'

Via kleine weggetjes reed ik naar de Rio Grande in het zuiden. De paar mensen die ik zag, stonden naar de lucht te staren. Nee, het was nog geen nacht, maar dit natuurpark is een paradijs voor *birders*, vogelaars, die nogal eens volkomen gedachteloos met een verrekijker voor hun ogen de straat oversteken.

Voorzichtig ontweek ik een van hen op de weg naar Santa Elena

Canyon aan de noordelijke oever van de Rio Grande; bij wijze van groet stak hij een hand op, maar zijn ogen bleven op de lucht gericht. Aan de rand van een zandbank at ik een appel, terwijl ik naar de rustig stromende grensrivier zat te kijken. Aan de overkant stak een kalksteenwand van zo'n vijfhonderd meter de hoogte in. Hij werd onderbroken door een gigantische verticale inkerving die nauwelijks breder was dan de rivier die eruit stroomde. De rotsen rechts stonden tegen de Verenigde Staten aan, links tegen Mexico.

Onder de hoge rotswand was de lucht koel en vochtig. Er hing een karakteristieke geur, als een zwaar, wild parfum dat me bekend voorkwam. Het deed me denken aan mijn reizen door het zuidwesten van de VS. Toen rook het net zo als het had geregend. Er zijn plekken die al je zintuigen aanspreken: je ogen, je reukzin, je gehoor, je bewustzijn. De geur van een landschap komt vaak vrij na een regenbui. Het is een combinatie van moleculen die voor een regio even kenmerkend is als zijn geologie.

Het was de geur van de woestijn die ik rook. Hij kwam uit de creosootstruiken gestroomd, een typische groenblijvende woestijnplant die meer dan duizend jaar oud kan worden. Hij zuigt met zijn wortels elk waterdruppeltje in de omgeving uit de grond en kan zo maandenlang overleven, ook als het niet regent. Toen ik in Santa Fe in New Mexico woonde, heb ik een keer een droge tak van zo'n struik achter mijn huis gebroken, die ik in een fles heb meegenomen naar Duitsland. Als ik terugverlang naar 'die goede oude tijd', wrijf ik een paar blaadjes fijn, leg die op een schoteltje en doe er een paar druppeltjes water bij. Dan doe ik mijn ogen dicht en snuif de geur van mijn herinnering diep in me op.

Ik raak altijd weer gefascineerd door de opmerkelijke overlevingskunst en veelsoortigheid van de planten en dieren in de woestijn. In een omgeving die niet levensvatbaar lijkt, groeien de prachtigste plantensoorten.

De Chisos Mountains, waar ik een plek zocht om te overnachten, is voor wetenschappers een biologisch eiland. Geïsoleerd van andere hoge bergen is hier een verbazingwekkend aantal varianten te vinden. Er zijn meer dan twaalfhonderd inheemse planten- en vierhonderdvijftig vogelsoorten binnen de grenzen van dit park ontdekt.

Ik reed over een kiezelweg verder het achterland in, weg van de drukke campings met hun propaanlampen, het donker tegemoet. Ik zal wel nooit kunnen begrijpen waarom mensen bij het kamperen in de vrije natuur zoveel licht maken.

De astronomiefolder prees de Big Bend aan als 'de beste plek in Amerika om onder de sterren te slapen'. En daar was ook een goede reden voor: de luchtvochtigheid is vanwege de beschutte ligging heel laag, waardoor er nauwelijks wolkenvorming optreedt. De bewoonde wereld is ver weg, er is geen lichtvervuiling.[38]

De bergketens gloeiden nog in het avondrood toen ik de stationwagon op een vlak stuk parkeerde, afgeschermd door steile rotsen. Het duister kwam opzetten en spreidde zich uit over het land terwijl ik mijn kijker opstelde, die ik altijd bij me heb als ik in de wildernis ben. Vooral wanneer ik hoop wolven te zien. Ik maakte de auto vanbinnen klaar voor de nacht, klapte de achterbank neer en legde mijn slaapmatje en slaapzak erop. Omdat het nog even duurde tot het helemaal donker was, wilde ik nog even rusten voor het sterrenspektakel.

Tegen elf uur werd ik gewekt door het gehuil van een coyote. Opgetogen stapte ik uit de auto om met mijn zaklamp op de struiken te schijnen. Zou ik misschien een van die kleine hondachtigen kunnen ontdekken? Nee, helaas niet. Toen deed ik het licht uit en keek naar boven. En staarde met open mond naar het wonder boven me.

Nog nooit had ik zoveel sterren gezien als in die nacht. Het waren er zoveel dat de hele lucht verlicht werd. Overal sterren, van horizon tot horizon. Het woord 'sterrenlicht' kreeg een heel nieuwe betekenis. Er spreidde zich een sprookjesachtig dichte Melkweg boven me uit. Die wordt ook wel 'het pad van de Witte Vrouw' of 'de melkgevende godin' genoemd. De hemel was niet plat, maar driedimensionaal. Nog nooit had ik de kleuren van de hemellichamen zo goed kunnen onderscheiden als nu: blauw, geel en een stralend puur wit. Een wolk sterrenstof zag eruit als poedersuiker op een taart.

Uiteindelijk vond ik de Plejaden. Dat is de bekendste sterrenhoop aan de hemel, een opvallende lichtvlek, waarin met het blote oog vijf of zes sterren te zien zijn. De hele sterrenhoop bestaat uit twaalfhonderd sterren en staat vierhonderddertig lichtjaren bij ons vandaan. Met mijn telescoop kon ik het Zevengesternte duidelijk onderscheiden.[39]

Toen mijn ogen eenmaal aan het beeld gewend waren, herkende ik Orion en kon ik te midden van honderden schitterende hemellichamen, waarachter het sterrenbeeld bijna helemaal schuilging, de Grote Beer onderscheiden. De maan scheen niet, maar er waren wel vallende sterren, onregelmatig, nu eens veel, dan weer weinig, sommige met een lange, vurige staart. Het hele firmament flonkerde, danste en zong stilletjes voor zich uit. Alles leek heel nadrukkelijk aanwezig en levendig.

De schoonheid van de sterren is onvoorstelbaar. Ze gloeien gedurende ontelbare eonen bij ongelooflijk hoge temperaturen. Ze twinkelen, stralen en glinsteren, en de explosies van hun geboorte en sterfte smoren ongehoord in de kosmos. Geluidsgolven kunnen zich, anders dan licht- en radiogolven, in een vacuüm niet voortplanten. Hoog daarboven, buiten de atmosferische laag, is een onmetelijk grote, oneindige stilte.

Dat zijn de dimensies waar je met je hoofd nog een beetje bij kunt. De Melkweg is ons eigen sterrenstelsel met ongeveer net zoveel sterren als mijn lichaam cellen heeft, en er zijn ten minste nog honderdvijfentwintig miljoen andere sterrenstelsels. Getallen verliezen hun betekenis als je daarover gaat nadenken.

Daar stond ik dan, en ik deed wat de mensen al duizenden jaren deden: ik keek naar de nachtelijke hemel in het bewustzijn dat al die pracht er weliswaar was, maar dat ik die nooit zou kunnen bereiken. Ik wierp een blik in het verleden; veel van de hemellichamen die ik daar zag schijnen, zijn al duizenden jaren geleden gedoofd, gestorven, maar hun licht bereikte me nu pas. Door de wonderen van die nachtelijke hemel te aanschouwen, staat ieder afzonderlijk mens in verbinding met alle mensen die ooit op deze planeet hebben geleefd. De atomen waaruit ons lichaam is opgebouwd, komen voort uit het gas en de materie van sterren van voor het begin der tijden.

Elke vezel in mijn spieren stond gespannen van ontzag en verwondering. Ik weet niet hoe lang ik daar in het donker heb gestaan. Toen ik begon te snotteren van de kou kroop ik in mijn slaapzak in de auto en bleef door de achterruit naar de hemel kijken tot mijn ogen op een gegeven moment dichtvielen.

De volgende ochtend werd ik gewekt door een geluid. Een tippelen, snuiven, knorren. Was het misschien de Mexicaanse wolf, die ik tot nu toe zonder succes had gezocht? Maar zou die knorren? Dan waren het nog eerder de Mexicaanse drugshandelaren. Verdorie, waar was nu mijn pepperspray? Heel voorzichtig en in super slow motion deed ik het portier open – en verstarde. Daarbuiten stond geen wolf me op te wachten, maar een tiental... wilde zwijnen. Javelina's om precies te zijn, een soort verwilderde huisvarkens die tot de familie van de pekari's behoren. Er doen de gruwelijkste verhalen de ronde over deze dieren. Ze zouden extreem agressief zijn en met hun lange, scherpe klauwen iedereen die ze in de weg staat aanvallen. Dezelfde soort geruchten als hier in Europa over wilde zwijnen te horen zijn. Net als de wilde zwijnen in Berlijn en andere grote steden laten ook de javelina's zich vaak in horden in de voorsteden van Phoenix en Albuquerque zien, die door de straten trekken en vuilnistonnen overhoophalen. En net als onze eigen everzwijnen zijn de pekari's vreedzame dieren die niet de geringste intentie hebben om mensen aan te vallen.

Alleen contact met de geurklier op hun rug, waarmee ze zich onderling kunnen identificeren, zou onaangenaam kunnen worden als je ze laat schrikken. Voorzichtig pakte ik mijn camera. De stilte van de vroege ochtend werd verstoord door de geluiden van de sluiting van mijn cameratas en de planteneters, die vredig door het gras woelden en tevreden knorden en smakten. De dieren lieten zich niet verstoren. In mijn ogen waren ze eigenlijk best knap. Kleiner, schattiger dan de wildezwijnensoort die bij ons voorkomt. Even later zag ik ze zelfs cactussen eten; de naalden leken ze niets uit te maken. Pas toen ik luidruchtig in de weer ging met mijn campinggasstelletje om mijn ochtendkoffie te zetten, trokken ze verder.

Ik ging op een steen in de opgaande zon zitten en keek naar wat ik de voorgaande avond allemaal had gemist. De afgestorven bloemstengels van zogenaamde honderdjarige aloës, de agave americana, staken als droge en verweerde boomstammen boven de lagere hellingen uit. In een van de stengels ontdekte ik het ronde gat van een specht. Langzaam, gedurende een periode van tien tot twintig jaar, slaat deze merkwaardige plant voedingsstoffen op in zijn vlezige bladeren. Dan schiet in één enkel seizoen de bloeiende stengel de hoogte in tot een hoogte van vier tot vijf meter. In de late lente, vroege zomer verschijnen er enorm veel goudkleurige bloemen in de top. Dan sterft de hele plant af. Aan de grond maakt een kleinere plant of ring van planten zich gereed om zijn plaats in te nemen. Stel je eens voor: de agave leeft een hele eeuw om in één enkele nacht haar schoonheid aan het universum te tonen en meteen daarop te sterven. Geduld, uithoudingsvermogen, tijd – dat zijn eigenschappen die we overal in de natuur tegenkomen en waarmee wij zoveel moeite hebben.

Ik had in de Big Bend dan wel niet de Mexicaanse wolf gevonden, maar kreeg wel een combinatie van ruwe woestijn, godgelijke bergen en vruchtbare rivierdalen in een uitgestrekte, adembenemende landstreek, gekroond door een flonkerende sterrenhemel als geschenk. En de ontmoeting met de wilde zwijnen was, om het zo te zeggen, de kers op de taart.

Tijdens de nachtvlucht naar huis keek ik uit het raampje; onder me zag ik de woestijn in het donker liggen. Slechts hier en daar was licht te zien van een dorpje, boerderij of een paar straatlantaarns. Tegenwoordig zal het er al wel heel anders uitzien, want er zijn nog maar nauwelijks zwarte vlekken op aarde. Het licht van de steden breidt steeds verder uit en straalt tot ver in de hemel. *Sky glow* noemen onderzoekers het verschijnsel waarbij een lichtkoepel ontstaat die vaak al van kilometers afstand te zien is en die vaak ook nog eens wordt weerkaatst door waterdamp in de lucht.

Ik kan me mijn eerste bezoek aan Las Vegas nog herinneren, ergens halverwege de jaren zeventig. Het was al laat, ik had veel tijd in de woestijn verlummeld. In de stikdonkere nacht en zonder straatverlichting liep de weg tegen een heuvel op. Toen ik bovenaan was gekomen, lag als een volslagen verrassing de bont glimmende stad in het dal voor me, alsof iemand net de lampjes in de kerstboom aandeed. Duidelijk afgebakend van de pikzwarte woestijn. Die aanblik had iets surrealistisch.

Wat een verschil met mijn laatste bezoek in 2015. De stad was al op een afstand van meer dan honderd kilometer te herkennen aan een brede lichtglans aan de horizon. Het was pijnlijk om te zien hoe laserstralen van de grote casino's de nacht doorkliefden.

Op NASA-beelden lijkt de aarde van bovenaf gezien te lijden onder een koortsachtige rode uitslag, bezaaid met lichte, gloeiende pukkels.[40] Donkere plekken zijn alleen nog te vinden waar geen industrielanden zijn.

Het elektrische licht heeft ons de vrijheid gegeven om ons werk of ons leven ook na zonsondergang nog lang voort te zetten. We kunnen zelf beslissen wanneer we wakker zijn of gaan slapen, en we menen dat het veiliger is als het 's avonds en 's nachts lichter is. Er wordt vooral ledstraatverlichting ingezet omdat die stroom bespaart. Bovendien straalt de verlichting tegenwoordig meer naar boven.

Wereldwijd neemt de lichtvervuiling toe: per jaar met twee tot vijf procent, met aanzienlijke gevolgen voor mens en natuur.[41] Ongeveer dertig procent van de gewervelde dieren en zelfs zestig procent van de ongewervelde zijn 's nachts actief en kunnen dan nadelige gevolgen ondervinden van kunstmatig licht. Vogels die in steden leven broeden vroeger dan hun soortgenoten op het platteland. Het oriëntatievermogen van trekvogels wordt verstoord. Lichtvervuiling is – naast intensieve landbouw en bodemafdekking – een van de redenen voor de sterfte onder onze insecten. En ook de mens heeft last van het wegvallen van de nacht en wordt daardoor zelfs ziek.

Volgens de *World Atlas of Artificial Night Sky Brightness* ('Wereldatlas van de kunstmatige verlichting van de nachthemel') uit 2016 leeft tachtig procent van de wereldbevolking onder een hemel met lichtvervuiling. In de VS en Europa kan negenennegentig procent van de bevolking geen natuurlijke nacht beleven![42]

We zijn in de nacht tot ontwikkeling gekomen. De overgang van licht naar donker gaat geleidelijk. Eerst is er schemerlicht, dan komt het maanlicht (bij nieuwemaan gering) en als we geluk hebben het licht van de sterren. De meeste mensen denken er niet aan om 's nachts een blik naar boven te werpen. Ze rennen van de ene verlichte plek naar de andere, en zodra het donker wordt, doen ze een lamp aan.

We zijn niet voor het donker gemaakt. We zijn visuele wezens. Zicht is ons belangrijkste zintuig. Dat hebben we nodig om onze directe omgeving te begrijpen. Ik ben geen nachtmens, maar een extreem ochtendmens – geen uil, maar een leeuwerik. Ik beleef de 'donkerheid' daarom het liefst voor de ochtendschemering. Laat op de avond of midden in de nacht voel ik me niet prettig, ben ik moe en sneller angstig.

Toen ik in 1991 de wildernis van Minnesota in trok, beleefde ik voor het eerst echte duisternis. De blokhut lag ver uit de buurt van elke lichtbron, alleen de maan en de sterren gaven een beetje schemerachtig licht, en dan alleen als het onbewolkt was. Toen ik een keer 's nachts naar de buiten-wc ging, struikelde ik, waardoor de zaklamp viel en uitging. Ik raakte in paniek. In het absolute donker kon ik letterlijk geen hand voor ogen zien. Er was niets vertrouwds meer. Al mijn zintuigen stonden op scherp, smartelijk erop gericht om ook maar iets – wat dan ook – te kunnen zien. Maar er was niets. Toen kwam de angst opzetten. Ik probeerde wanhopig een geluid op te vangen waarmee ik me zou kunnen oriënteren. De stemmen van de nacht zijn schrikbarend zacht. Uiteindelijk vond ik op de tast de zaklamp terug, die ik gauw weer aandeed.

Dat zou me niet nog een keer overkomen. Ik wilde mijn angst overwinnen en me moedig in de omarming van het duister begeven. Op bekende paden wilde ik bij nachtwandelingen door training mijn zintuigen aanscherpen. Eerst met de zaklamp, dan bij maanlicht, uiteindelijk in volkomen duisternis.

Een wandeling bij nacht is een compleet andere ervaring dan wanneer je diezelfde weg overdag aflegt. Het duister maskeert bekende oriëntatiepunten en die nog zichtbaar zijn veranderen. De dieptewaarneming wordt een gokspel, en er komt een heel nieuwe groep dieren tevoorschijn.

Ik begon langzaam, kwam voetje voor voetje vooruit en gunde mijn ogen de tijd om zich aan te passen. Ze wenden sneller aan het donker dan ik had verwacht. De andere zintuigen namen het over – en reageerden overdreven. Ik hoorde elk geluidje, hoe klein ook: de takjes en bladeren die onder mijn voeten kraakten en ritselden, de vleugels van een uil die over me heen vloog, de krekels, kikkers en in de verte het huilen van een wolf. Ik rook het meer bij onze hut eerder dan dat ik het hoorde. De golven klotsten zachtjes tegen de oever. Een ijsduiker jodelde, en er leek een andere vogel over het water te lopen, voordat hij met krachtige vleugelslagen de lucht in ging. Dit hoorde ik allemaal beter dan ooit.

Om niet te vallen moest ik de hulp van mijn armen en handen inschakelen. Toen de weg afliep naar het meer, hield ik me vast aan kleine boompjes, dankbaar voor hun steun. De rotsen waren glad en vochtig van de nachtlucht. Ik zette mijn voet waar mijn hand op dat moment was, omdat ik wist dat ik daar veilig kon gaan staan. Ik voelde alles onder mijn voeten en voelde me dichter bij de aarde staan dan ik me ooit had kunnen voorstellen. De lucht was koel, licht en vochtig. Verfrissend voor de longen. Reinigend.

Had de duisternis aanvankelijk nog als beperking aangevoeld, nu leek ik superkrachten te ontwikkelen. Ook al had ik niet de ogen van een uil, niets weerhield me er meer van om de details van het middernachtslandschap te ontdekken. Ik begon de subtiele verschillen van de diverse schakeringen van de bomen te herkennen. De duisternis werd me met elke stap vertrouwder. Ik vroeg me af waarom ik dit overdag blijkbaar niet had gemerkt en besloot om de volgende dag deze wandeling te herhalen, deze keer veel oplettender.

Tot op de dag van vandaag blijven alle nachtwandelingen die ik heb gemaakt levendiger in mijn herinnering dan welke wandeling overdag dan ook. Ze betekenden een heel nieuwe manier van de wildernis beleven voor me.

Wie ooit weleens een echt pikdonkere nacht heeft meegemaakt, zal die niet gauw vergeten. Die brandt zich in ons geheugen en wordt een onuitwisbaar beeld dat ons inspireert en de wens in ons wekt om die nacht steeds opnieuw te beleven. Zo verging het mij ook in Minnesota. Ik begon regelmatig 's nachts te wandelen. De totale waakzaamheid, de ongekende energie, de toestand van absolute tegenwoordigheid pepten me op. Hoewel de blokhut midden in het wolven- en berengebied lag, verspilde ik in het donker geen gedachten aan mogelijke gevaren. Het was me gelukt mijn angst te overwinnen. Dat maakte me onoverwinnelijk. Ik voelde me omhuld door deze natuurlijke nacht. Omgeven door medeschepsels in wier woongebied ik was binnengedrongen, maar die zich niets van me aantrokken zolang ik ze niet lastigviel, omhelsde het donker me op een zeldzaam voelbare manier.

We moeten het donker en de nachthemel meer aandacht geven. De meeste mensen groeien op in de stad. Ze zijn zich er niet van bewust dat ze vele duizenden sterren behoren te zien. Ze beschouwen de hemel zoals ze die kennen als vanzelfsprekend en normaal. Maar we hoeven die storende lichtheid niet zomaar voor lief te nemen. We kunnen er ook zelf iets aan doen. Om het donkerder te maken zouden we bijvoorbeeld thuis minder kunstlicht aan kunnen doen. Blauw licht van televisies, computers en smartphones verstoren onze nachtrust. In plaats daarvan helpt een korte wandeling voor het slapengaan om in de ruststand te komen. En het mobieltje kunnen we 's nachts uitschakelen. Weg met het onnodige licht. Mijn buren hebben lampen op zonnecellen in hun tuin gezet. Nu stralen er de hele nacht lichtbundels langs het tuinpad om het 'veiliger' te maken. In de nacht – wanneer er toch geen mens meer buiten door de tuin loopt.

In mijn jeugd behoorde het beeld van de Melkweg tot de normale verschijningsvormen van de avondhemel. Ook nu zijn er in Duitsland nog oases van duisternis te vinden. Regio's die zich ertoe hebben verplicht de nacht in bescherming te nemen, mogen zich Dark Sky Park noemen, een titel die wordt verleend door de International Dark-Sky Association. Die organisatie strijdt wereldwijd tegen lichtvervuiling. Om opgenomen te worden, moeten gemeenten zich er bijvoorbeeld toe verplichten dat ze hun verlichting afschermen. Het licht moet naar beneden stralen en het blauwaandeel dient te worden gereduceerd. Ook horen er sterrenkundige rondleidingen en activiteiten bij die het publiek informeren over de problematiek van de lichtvervuiling.

In Duitsland zijn er vier sterrenparken: in het Westhavelland, de Eiffel, de Chiemgauer Alpen en de Rhön met sterrenstad Fulda.

Ik had voor 20 maart 2020 een sterrenrondleiding geboekt in de Rhön. Simon, lid van de vereniging van sterrenpark Rhön en enthousiast hobbyastronoom, wilde me met zijn telescoop nader tot de sterrenhemel brengen. Ik was er helemaal klaar voor en verheugde me erop eindelijk eens een blik in het universum te mogen werpen.

Maar toen legde een virus met de naam SARS-COV-2 een nieuwe, onbekende en beangstigende duisternis over ons land. Alles lag plat. Hotels gesloten, contactbeperkingen, rondleiding afgezegd. Wat nu? Ik was dankbaar voor de lessen die ik van de dieren had geleerd en dacht aan het aanpassingsvermogen van de coyotes. De kosmos trok zich niets aan van het coronavirus, en ook niets van mijn plannen. Het werd tijd om van perspectief te veranderen. Ik had geen sterrenpark nodig, ik had overal toegang tot het universum.

In een van de daaropvolgende heldere, wolkenvrije nachten zette ik bij nieuwemaan mijn ligstoel in de donkerste hoek van mijn tuin, op een plek waar de straatlantaarns noch de lampen op zonnecellen van mijn buren schenen. Met mijn verrekijker en enkele dekens maakte ik me gereed voor de nacht.

Het was volkomen stil. Geen geluiden, geen vogelgezang, geen wind. Boven me de Melkweg. Een oerherinnering keerde terug – ik was thuis en werd deel van het universum. De oneindigheid van het heelal bood me een eigenaardig gevoel van zekerheid, van geborgenheid.

Als je je de uitgestrektheid en leegte van de ruimte probeert voor te stellen en dan dat heel kleine knalblauwe knikkertje voor ogen houdt waarop wij wonen, dan kun je toch niet anders dan je verantwoordelijk voelen voor onze planeet, want dan weet je ook hoe zeldzaam en mooi die is.

De sterrenhemel in het donker is een geschenk van de natuur. Onze kijk op de wereld wordt erdoor verbreed. We zouden dat geschenk meer op waarde moeten schatten, want het ligt direct boven ons – gratis. Het enige wat we hoeven te doen is ons hoofd in onze nek leggen. We hebben een jaarkaart voor dat eonenoude schouwspel van de natuur.

ZEG TEGEN DE WOLVEN DAT IK WEER THUIS BEN

'Ben jij dat, Roodkapje?' vroeg het meisje, waarna ze haar hand vol vertrouwen in de mijne legde.

Ik keek naar het kind met de ouderwetse blonde vlechtjes, dat met stralend blauwe ogen naar me opkeek.

'Ja, ik ben het,' antwoordde ik gniffelend. Ik had vlak daarvoor de kleine Lisa in ontvangst genomen van haar grootouders. Ze vloog alleen terug van Frankfurt naar haar ouders in Londen en ik bracht haar naar de juiste gate. Vrolijk zwaaide ze nog een keer naar haar opa en oma, die even een afscheidstraan moesten wegpinken terwijl de zesjarige alweer in een andere wereld zat.

'En waar is de wolf?'

Nog zo'n nieuwsgierige vraag. Zo gemakkelijk kwam ik hier niet vanaf. Ik dacht koortsachtig na.

'Die ligt thuis te slapen.'

'Bij grootmoeder?'

Wat had ik me op de hals gehaald?

'Wil je hem zien?' vroeg ik.

Lisa knikte ijverig en hupte ongeduldig van haar ene been op haar andere toen ik een hand in mijn zak stak om er een foto van mijn hond uit te halen, een zwarte bastaard.

'Dat is toch geen wolf!' Slim kind. Lisa leek teleurgesteld te zijn.

'Wacht, ik heb nog iets.' Ik stak mijn hand wat dieper in mijn zak en haalde een zwart-witfoto tevoorschijn. Daarop was mijn allereerste hond te zien, een grote Duitse herder die echt wel op een wolf leek. Om een of andere reden had ik die vijftien jaar oude foto nog altijd bij me.

Terwijl ze gefascineerd naar de foto staarde, zei Lisa: 'Maar die is mooi.'

Toen ging ik in de vertrekhal van vliegveld Frankfurt naast die kleine Pippi Langkous met ouderwetse vlechtjes door de knieën met een oude foto van een hond in mijn hand. Om ons heen haastten passagiers zich met koffers en bagagekarretjes naar de uitgangen. Maar voor ons tweetjes bestond er alleen die 'wolf' op de foto. Pas toen mijn mobilofoon begon te kraken, keerde ik met een schok terug in de werkelijkheid. De centrale herinnerde me eraan dat Lisa's vlucht al was omgeroepen en ik met haar naar de gate moest gaan.

'Hou jij van wolven?' vroeg ik aan het meisje. Ze knikte ijverig.

'En ben je niet bang voor ze?'

'Nee, waarom?'

'Maar je kent het sprookje van Roodkapje toch. Daarin eet de wolf de grootmoeder op.' Nu wilde ik het weten ook.

'Hm, maar dat is stom. Die arme wolf.'

Breed grijnzend haastte ik me met het meisje langs de paspoortcontrole naar haar gate. Ik knielde, nam met een knuffel afscheid van haar en gaf haar mee aan de stewardess. Hoewel ik nog veel te doen had, wachtte ik tot haar vliegtuig was vertrokken. Het meisje had met haar vragen iets in me wakker gemaakt.

Dat was in 1971, en ik was inderdaad een 'Roodkapje'. Zo werden de medewerkers van de speciale servicedienst van vliegmaatschappij Lufthansa genoemd die voor senioren, zieken, gehandicapten en alleenreizende kinderen zorgden. Om herkenbaarder te zijn voor de passagiers droegen we bij ons blauwe uniform een rood hoedje, in tegenstelling tot het overige grondpersoneel, dat een blauw hoofddeksel droeg. Op het hoedje prijkte het logo van Lufthansa: een gouden kraanvogel.

Pas tientallen jaren later schoot me tijdens een lezing uit mijn boek *De wijsheid van wolven* dit verhaal weer te binnen. Het drong tot me door dat een klein meisje op het drukke vliegveld van Frankfurt me toen een kijkje in de toekomst had gegeven, lang voordat ik een van de beroemdste Duitse wolvenonderzoekers werd.

Het was een lange weg van Roodkapje naar onafhankelijk natuuronderzoeker, van het jetsetleven naar de wildernis, van het advocatenkantoor naar de bergwereld van Montana. Een weg met omleidingen en afsnijdingen, verdwaling en intuïtieve kennis, brede straten en doodlopende paden, diepe dalen en hoge toppen, met enthousiasme en tranen, angst en grote dapperheid, avonturen en verwondering. Er waren veel radicale veranderingen en beslissingen. Maar één ding was blijvend en heeft me altijd gemotiveerd: mijn liefde voor wolven.

Die liefde begon in mijn jeugd met mijn herdershond, waarvan ik een foto aan de kleine Lisa had laten zien. En vele jaren later bracht die liefde me naar een wolvenverblijf in Amerika, waar ik tijdens een stage gedragsonderzoek alles leerde over gevangen wolven. En vanaf 1995 werkte ik in Yellowstone National Park als vrijwilliger mee aan een wolvenproject en sindsdien observeerde ik het fascinerende familieleven en gedrag van in het wild levende wolven. Voor mij was het een groot privilege dat mee te mogen maken.

Meer dan dertig jaar heb ik voorlichting gegeven over wolven. Ik heb een tijdschrift[43] met dit thema in het leven geroepen, boeken geschreven en lezingen gegeven. Ik werd uitgenodigd voor talkshows en discussierondes met voor- en tegenstanders van de wolf. Toen ik met een paar medestanders in 1991 een vereniging ter bescherming van de wolf oprichtte, de Gesellschaft zum Schutz der Wölfe e.V., zaten er nog geen wolven in Duitsland. Die kwamen pas tien jaar later terug. Door mijn jarenlange voorlichtingswerk hielp ik de weg voor deze dieren vrij te maken.

Tegenwoordig is de wolf weer terug in Duitsland. We hebben

geleerd met hem te leven. Echte problemen en irrationele angsten (en mensen die van die angsten misbruik maken) zullen er als het om roofdieren gaat altijd zijn. Voor mij is het belangrijkste dat er een zekere normaliteit is ingetreden op het gebied van de wolf. Geen paniek, geen geschreeuw, geen heiligverklaring, maar gewoon niet meer dan: 'Oké. Ze zijn er. Laten we doorgaan met ons leven.' Opwinding heeft plaatsgemaakt voor kalmte, waarvan ik hoop dat die blijvend is. Dat is waar ik al die jaren voor heb gewerkt. De wolven kunnen nu op eigen poten staan en overleven. Veel geweldige mensen en deskundigen helpen ze daarbij en zetten mijn strijd voort.

Alles wat ik over de natuur, de samenhang daarin en mijn eigen plaats in de wereld moest weten, heb ik van de wolven geleerd. Nu is het tijd om los te laten en verder te gaan. We hebben elkaar niet meer nodig. We zijn vrij.

Aan het begin van dit boek had ik het over opnieuw beginnen en beslissingen nemen. Er is kracht en moed nodig om je los te maken van oude patronen en veranderingen door te voeren, vooral als je er al lange tijd naar hebt geleefd. Maar het leven is te kort om bij het oude te blijven. Het gaat erom de waarneming te veranderen, eigen wensen de ruimte te geven. Wat uiteindelijk telt is hoeveel liefde we hebben gegeven en hoeveel tijd we hebben besteed aan dingen die ons aan het hart gaan. Het innerlijke vuur dat jarenlang een verlangen in mij in leven hield, was mijn wens om de wolven te redden. Dat vuur is een verwarmende gloed geworden. Nu kan ik me om mijn innerlijk bekommeren: mijn ziel, mijn ik.

De natuurvolken geloven dat de wolf een bijzondere gave heeft: hij leidt de mens als leraar terug naar zijn oereigen levensweg. Voor dat geschenk van de wildernis ben ik diep dankbaar.

DANKWOORD

Een groot deel van dit boek heb ik tijdens de coronalockdown thuis in mijn werkkamer zitten schrijven. Voor mij, met als hoofdberoep schrijver, veranderde er niet veel door de pandemie. Alleen de inspirerende afspraakjes met collega's en vriendinnen in de ijssalon vielen weg. Dat halen we in!

Veel uitgeverijen moesten publicatie van hun boeken uitstellen of zelfs annuleren. Dat je nu toch *Het geschenk van de wildernis* in de hand houdt, heb ik te danken aan de inzet van de medewerkers van Ludwig Verlag, die onder lastige omstandigheden vanuit hun thuiskantoor hebben bijgedragen aan de organisatie en het ontstaan van dit boek.

In dit boek heb ik het over het aanpassingsvermogen van de coyotes, die uit elke hopeloze situatie het beste weten te maken. Jullie zijn mijn coyotes: Uwe Neumahr (agentschap), Jessica Hein (lectoraat), Ulrike Strerath-Bolz (redactie), Beatrix Braken-Gülke (pers) en Carolin Lachenmaier (evenementen). Bedankt voor jullie inzet.

Mijn dank gaat ook uit naar mijn stille helpers op de achtergrond, voor jullie ondersteuning: Tanya Carpenter, Andrea Weil, Andrea Märtens en Sabine Fladung-Wagener.

Maar vooral wil ik jullie bedanken, beste lezers, voor het vertrouwen dat jullie in me hebben gesteld door dit boek te lezen. Ik hoop dat ik je met deze reis door de wildernis heb kunnen laten genieten.

Op www.elli-radinger.de hou ik je op de hoogte.

OPMERKINGEN, BRONNEN, LEESTIPS

1 Een luxe vorm van kamperen; reistrend van de eenentwintigste eeuw.

2 In een videofilmpje is te zien dat in Santiago de Chile een poema door de straten loopt; zie https://www.tierwelt.ch/news/wildtiere/wildtiere-erobern-corona-zeiten-die-staedte, geraadpleegd op 7 april 2020.

3 Zie https://spaceflight.nasa.gov/gallery/images/apollo/apollo8/html/as08-14-2383.html, geraadpleegd op 7 april 2020.

4 Zie https://100photos.time.com/photos/nasa-earthrise-apollo-8, geraadpleegd op 7 april 2020.

5 De foto kan worden gedownload van de website van de NASA: https://www.nasa.gov/content/blue-marble-image-of-the-earth-from-apollo-17, geraadpleegd op 7 april 2020. Zie ook https://spaceflight.nasa.gov/gallery/images/apollo/apollo8/html/as08-14-2383.html en https://100photos.time.com/photos/nasa-earthrise-apollo-8.

6 De lange versie staat in het hoofdstuk 'Nog even snel de wereld redden' in: Elli Radinger: *De wijsheid van wolven*, A.W. Bruna, 2018.

7 Ter vergelijking: de aardbeving op Haïti in 2010 had een kracht van 7,0. Die geldt als de wereldwijd vernietigendste aardbeving van de eenentwintigste eeuw en trof een derde deel van de bevolking van Haïti.

8 De Pacific Crest Trail (PCT) is een wandeltraject met een lengte van meer dan vierduizend kilometer langs de westkust van de VS. De route loopt grotendeels over hoge bergketens van de Mexicaanse naar de Canadese grens.

9 Zie https://www.nap.edu/catalog/24750/revisiting-brucellosis-in-the-greater-yellowstone-area, geraadpleegd op 4 maart 2020.

10 Buffelgras (*Buchloe dactyloides*) uit de familie van zoet gras (*Poaceae*) is een relatief korte, zoden vormende grassoort die ongeveer tien tot vijftien centimeter hoog wordt. Het heeft grijsgroene bladeren, die aan beide zijden fijne haartjes hebben. Het is een heel resistente plant die weinig eisen stelt. Buffelgras gaat erosie tegen en vormt een belangrijk onderdeel van het ecosysteem in de prairie.

11 Wile E. Coyote is een tekenfilmfiguur van Chuck Jones uit de Warner Bros.-studio's; zie https://wbanimation.fandom.com/wiki/Wile_E._Coyote_and_Road_Runner, geraadpleegd op 5 april 2020.

12 Zie https://www.nationalgeographic.com/news/2016/08/coyote-america-dan-flores-history-science/, geraadpleegd op 5 april 2020.

13 Zie https://www.nytimes.com/2020/01/09/science/chicago-coyote-attacks.html, geraadpleegd op 5 april 2020.

14 Zie https://blockclubchicago.org/2019/05/29/coyote-pup-season-in-chicago-means-the-urban-predators-are-out-and-about-heres-to-avoid-hurting-them-and-yourself/, geraadpleegd op 5 april 2020.

15 De Appalachian Trail is een vijfendertighonderd kilometer lang wandeltraject in het oosten van de vs. De route loopt van Georgia naar Maine.

16 Zie https://www.dw.com/de/konstrukteure-lernen-von-walen/a-16043594, geraadpleegd op 7 april 2020.

17 De chumzalm (*Oncorhynchus keta*) wordt maximaal een meter lang en weegt maximaal vijftien kilo. In zee heeft hij een zilverachtig blauwgroene kleur, grote exemplaren zijn staalblauw op hun rug. Hengelaars vertelden me dat de chumzalm niet echt lekker is en daarom geschikter is als hondenvoer (vandaar dat hij in Duitsland ook wel 'hondenzalm' wordt genoemd). De zalmsoort is vanwege zijn rode kuit bekend geworden. Deze zalmkaviaar wordt in de keuken vaak gebruikt ter vervanging van echte kaviaar van de steur.

18 National Historic Landmarks (NHL) zijn plaatsen in de VS die door het ministerie van Binnenlandse Zaken als bijzonder waardevol zijn aangemerkt omdat ze van bijzonder belang zijn voor de geschiedenis van Amerika, of zoals in het geval van het Grand Canyon Depot een uitzonderlijk voorbeeld voor vormgeving en bouw. Het Depot is een van de drie bewaard gebleven treinstations in de VS die gemaakt zijn van boomstammen.

19 'Vervoerd met muilezels vanaf de bodem van de Grand Canyon.'

20 Deze bijeenkomsten van de oorspronkelijke bewoners zijn culturele evenementen die door dans en gezang de culturele identiteit verstevigen en overgeleverde waardevoorstellingen doorgeven.

21 Een traditionele hogan wordt gebouwd van boomstammen, die op de hoeken kruiselings op elkaar liggen. De voegen van de zijwanden worden met leem dichtgemaakt, het dak wordt met een dikke laag aarde bedekt. Hogans hebben geen ramen in de wanden, maar wel een of twee kleine dakramen, die dienen om te luchten of als rookafvoer. De vuurplaats bevindt zich in het midden van de hogan. De ingang is op het oosten gericht, zodat de bewoners de opkomende zon en daarmee de nieuwe dag kunnen begroeten.

22 De Anasazi waren een prehistorisch inheems volk in het zuidwesten van de VS. Daar woonden ze tussen 500 en 1300 n.Chr. Ze gelden als de voorvaderen van de Pueblo-volken, de oerbewoners van de VS.

23 Vijver of meer? Hoewel Thoreau het in zijn boeken over een 'vijver' heeft, is Walden Pond een zogenaamd doodijsmeer. Die ontstaan door het smelten van doodijs en het inzakken van sedimentmateriaal dat daarop ligt. In een steeds warmer wordend klimaat komt het ontstane doodijsgat vervolgens vol te staan met stijgend grondwater. Doodijsmeren hebben doorgaans geen rivierverbinding die water aan- of afvoert. Zie https://www.biologie-seite.de/Biologie/Toteissee, geraadpleegd op 7 april 2020.

24 Henry David Thoreau: *Walden oder Leben in den Wäldern*, Nikol Verlag, 2016, p. 15.

25 Tegenwoordig vooral bekend door de Hollywood-verfilmingen. Greta Gerwigs verfilming van *Little Women* was in 2020 genomineerd voor zes Oscars.

26 *Walden*, p. 201.

27 Vlak nadat Thoreau na zijn tweejarige periode van terugtrekking was teruggekeerd naar Concord, werd de blokhut verwijderd en door een naburige boer gebruikt voor graanopslag; het dak werd uiteindelijk op een varkensstal geplaatst. De historische plaats was in 1945 verlaten, toen Roland Wells Robbins, een amateurarcheoloog, na drie maanden durende opgravingen de stenen van de schoorsteen terugvond en begon met de restauratie.

28 In april 2018 werd bericht dat massa's toeristen een pelgrimstocht maken naar het meertje om daar eenzaamheid te ervaren. Wetenschappers van het Paul Smith College in New York hebben geconcludeerd dat de ene helft van de fosfor in het water van het meertje afkomstig is uit urine van mensen, de andere helft van ingespoelde landbouwmest. Deze meststoffen bevorderen de algengroei in het meer, waardoor het water er tegenwoordig groen en troebel uitziet. Zie https://orf.at/v2/stories/2433896, geraadpleegd op 7 april 2020.

29 *Walden*, p. 39.

30 Elli H. Radinger: *Minnesota Winter. Eine Liebe in der Wildnis.* Aufbau TB, 2015.

31 Zie https://www.sueddeutsche.de/wirtschaft/reisen-fliegende-konsumenten-1.3996006, geraadpleegd op 7 april 2020.

32 Iedereen die milieuvriendelijk wil reizen, raad ik het fantastische boek van Frank Herrmann aan: FAIR*reisen. Das Handbuch für alle, die umweltbewusst unterwegs sein wollen*, oekom Verlag, München 2018.

33 Zie https://www.freiewelt.net/nachricht/internet-generation-erzeugt-mehr-co2-ausstoss-als-der-gesamte-flugverkehr-10078589/, geraadpleegd op 7 april 2020.

34 Zie https://www.deutschlandfunknova.de/beitrag/co2-abdruck-

jede-sekunde-googeln-verbraucht-23-baeume, geraadpleegd op 7 april 2020.

35 Zie https://www.atlasobscura.com/places/orfield-labs-quiet-chamber, geraadpleegd op 7 april 2020.

36 Zie http://www.tag-gegen-laerm.de/, geraadpleegd op 7 april 2020.

37 Zie https://koenigsmuenster.de/, geraadpleegd op 7 april 2020.

38 In 2020 kreeg het Big Bend National Park van de International Dark-Sky Association de volle status van een International Dark Sky Park in de gouden klasse. Er zijn wereldwijd slechts dertien parken in die klasse benoemd.

39 In de Griekse mythologie waren de zeven Plejaden de zeven dochters van Atlas en Pleione. Aan de hemel worden de ouders ook tot de Plejaden gerekend. Het aantal zichtbare sterren van deze groep is niet constant, onder andere doordat de helderheid van Pleione varieert. Daarom zijn afhankelijk van de omstandigheden tussen de zes en negen Plejaden-sterren aan de hemel te zien.

40 Wereldatlas van de kunstmatige verlichting van de nachthemel, zie https://apod.nasa.gov/apod/ap160630.html, geraadpleegd op 7 april 2020.

41 Zie http://bit.ly/bfn-543, p. 34, geraadpleegd op 7 april 2020.

42 Zie https://www.darksky.org/80-of-world-population-lives-under-skyglow-new-study-finds/, geraadpleegd op 7 april 2020.

43 *Wolf Magazin* verschijnt tegenwoordig online als gratis maandelijkse nieuwsbrief; zie www.wolfmagazin.de.

VERANTWOORDING AFBEELDINGEN

Beeldredactie: Tanja Zielezniak

Binnenwerk: Alle foto's zijn afkomstig van Elli H. Radinger, met uitzondering van
p. 10, p. 16, p. 78-79: Gunther Kopp
p. 14-15 (Mauritius Images/NASA Photo/Alamy)
p. 184-185 (Mauritius Images/Images & Stories/Alamy)
p. 186 (Mauritius Images/zachary Frank/Alamy)
p. 224-225 (Mauritius Images/Delphotos/Alamy): Mauritius Images
p. 80, p. 240-241: Dan & Cindy Hartmann
p. 98-99: Gerry Hogston
p. 118-119: Hardee Neubert
p. 120 (Shutterstock/slowmotiongli): Shutterstock.com

Fotokatern 1: p. 1, p. 8/9, p. 12/13, p. 14/15, p. 16: Gunther Kopp; p. 2-3: Dan & Cindy Hartmann; p. 4-5: Hardee Neubert

Fotokatern 2: p. 8-9: Hardee Neubert; p. 12-13, p. 14-15: Gunther Kopp

Fotokatern 3: p. 2-3, p. 6-7, p. 12-13: Gunther Kopp